素顏力2

自己的爛臉自己救
素顏就是力量！

台灣美容暨皮膚管理學會

理事長 陳瑞昇 著

CONTENTS

有的人皮膚一到夏天就比平時更油，非常苦惱，用了很多控油保養品都沒什麼用，這是保養品的問題嗎？

01

抗痘產品成分分析
Analysis of anti–acne product ingredient

油脂分泌旺盛

到底是由什麼原因造成的？主要有以下幾個方面。

01 遺傳

先天遺傳是主要原因，遺傳性的先天皮脂腺發達，油脂分泌功能旺盛。這種情況沒有辦法解決，只能儘量控制。

02 內分泌

皮脂腺是雄激素的一個靶器官，睪酮可以使皮脂腺體積增大、分泌增加。當體內雄激素分泌旺盛的時候，例如青春期，面部出油量就會比較多。女性多毛、患有多囊卵巢綜合症，皮膚易出油極大可能就是雄激素過高引起的。

03 溫度

溫度會影響皮脂的分泌。溫度越高，皮脂腺分泌越活躍。皮膚溫度每上升 1 攝氏度，皮脂分泌上升 10%。

04 細菌

我們的皮膚表面存在一種厭氧菌叫痤瘡桿菌，屬皮膚正常的菌群，當面部分泌大量油脂時，會在皮膚表面形成一個厭氧環境，痤瘡桿菌會分解皮脂釋放游離脂肪酸作爲自身營養，大量繁殖誘發痤瘡。

05 5α 還原酶

平時一些不良生活習慣如熬夜、抽菸、嗜好高糖辛辣的食物會使 5α 還原酶活性增加，導致皮膚出油量增加。

06 環境

厚重的彩妝營造無氧環境有利痤瘡桿菌生長，造成出油。洗臉時過度清潔也會促使皮脂腺加速分泌油脂。

遺傳

環境

內分泌

5α還原酶

溫度

細菌

油脂分泌旺盛的原因

什麼是控油?

抑制皮脂腺分泌還是控制表面的油?

那到底什麼是控油?控油指的是調整皮膚分泌的油脂含量。不管是中性皮膚,還是油性、混合性皮膚,一般都會出油,而容易出油的地方就是 T 區。一般的控油方法就是用控油產品和勤洗臉。市面上推出的各種控油產品,是要吸掉我們臉上的油,還是減少分泌油脂?

油皮女孩易長痘,一到夏天很容易脫妝、面泛油光,給生活帶來許多困擾。造成皮膚出油量多的原因這麼多,如何控油,減少面部的油膩度是每個油皮肌膚一直追求的目標。

保養品如何控油

市面上的保養品通常添加一些成分來達到控油的效果。不同類型的成分通過不同的作用方式，最終達到皮膚控油的目的。

吸收油脂

粉狀物質一般都能夠吸油，礦物粉體如滑石粉，高嶺土粉等，還有一些生物粉體和合成粉體都有吸油的作用，比如吸油面紙就添加了矽粉用來吸油。

控制分泌

氧化鋅、硫酸鋁等收斂劑，植物萃取如金縷梅提取物、柑橘萃取物，各種果酸，水楊酸等都能夠使毛孔暫時性收縮，從而減少油脂的分泌。

抑制 5α 還原酶

去甲二氫癒創木酸、石竹素等植物提取物可以通過抑制 5α 還原酶的活性達到抑制皮脂腺的目的，還有一些特殊成分如鋅 PCA、葡萄糖酸鋅、菸鹼醯胺等。

調理脂漏

適當口服一些維生素 B2、B3、B6 可以補充體內缺乏的維生素，減少皮脂分泌。

5α 還原酶與出油

之前分析保養品中的控油成分時，有提到去甲二氫癒創木酸、石竹素可以通過抑制 5α 還原酶達到抑制皮脂分泌的目的。因此 5α 還原酶不僅與掉髮有關，還與皮膚的出油量有關。

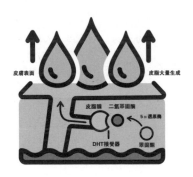

5α 還原酶是皮脂合成催化劑，皮脂腺主要受雄激素影響。睪酮使皮脂腺體積增大，分泌增加，特別是當人體內 5α 還原酶過分活躍時，會使二氫睪酮（DHT）分泌增多，而皮脂腺上就存在 DHT 接收器，二者一結合就會促使皮脂腺工作加快，然後皮脂分泌量增加。所以日常生活中一般男性皮膚偏油性，毛孔較女性粗大一些。

5α 還原酶與掉髮

掉髮其中一個重要原因就是與體內的 5α 還原酶水平有關。

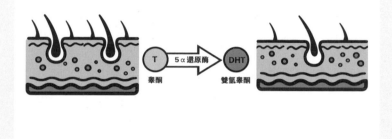

5α 還原酶是一種蛋白酶，它的產生可以刺激體內睪酮 (T) 轉化爲二氫睪酮 (DHT)。DHT 是一種由睪丸產生的激素，是導致很多男士和女士脫髮的主要原因。DHT 可以附著在頭皮的受體部位，阻止頭髮的生長以及抑制毛囊，從而導致頭髮脫落。當二氫睪酮 (DHT) 在皮膚內積累到高濃度後，就會攻擊毛囊引起雄性激素性脫髮。

5α 還原酶與環境

研究指出，5α 還原酶的活性會受到溫度和 pH 的影響。

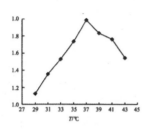

溫度對 5α 還原酶活性的影響

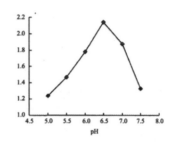

pH 值對 5α 還原酶活性的影響

當溫度在 29℃時，5α 還原酶的活性較低，當溫度逐漸上升，5α 還原酶的活性也跟著上升，當溫度升至 37℃時，5α 還原酶的活性達到最大，進而刺激皮脂生成，這時皮膚出油量就明顯上升了。37℃過後，5α 還原酶的活性反而因為過熱而下降，但仍然比低溫時候活性要高。這就是天氣熱的時候面部噗滋噗滋冒油的原因。pH 值在 5.0~7.5 範圍內時，5α 還原酶活躍程度不同，當 pH 值接近中性為 6.5 時活性達到最大。人的面部正常 pH 呈弱酸性，在 4.5~5.5 之間，洗臉時如果過度清潔就會洗掉皮膚表面的皮脂膜，使皮膚 pH 接近中性，導致皮膚報復性出油。

三種內炎都有效 - 快速消退紅腫痘

德茉針對痘痘肌推出項目－抗痘導入，主要功效就是抗炎控油，其中使用到的德茉的控油痘痘原液，裡面就添加了去甲二氫癒創木酸、石竹素。

去甲二氫愈創木脂酸通過對 5α 還原酶活性的抑制來調理油性皮膚，可以預防皮膚的過度角質化，對痤瘡有防治作用，同時還有抗氧、活膚和抗炎的作用。

石竹素具有抗菌性，加上它對 5α 還原酶活性有抑制作用，可用於對痤瘡的防治，在洗髮水中用入可刺激生髮並減少白髮，還能促進膠原蛋白的生成，降低彈性蛋白的分解，有活膚抗衰抗皺的作用。

德茉痘痘原液對三種內炎都有效，不管是生理痘、壓力痘還是飲食痘，都可以進行抗痘導入，快速消退紅腫痘。

經常聽到刷酸能夠去角質美白，大家試過嗎，知道怎麼選擇適合自己肌膚的酸嗎？

02

化學剝脫循證醫學指南
Evidence–Based Medical Guidelines for Chemical Peels

保養品對痘痘的控制

之前提到保養品通過添加一些成分用來控油，那當然也能加一些成分來減少我們的痘痘。

毛囊發炎

毛囊炎是細菌感染引發的炎症。針對毛囊炎，保養品中可以通過添加紅沒藥醇、甘草酸、桃柘酚、燕麥萃取、積雪草、馬齒莧提取物等可以起到抗發炎、消炎、抗氧化的作用。

細菌增生

臉部由於痤瘡桿菌等細菌增生引起的痘痘，可以選帶有酒精、傘花烴、季銨鹽-73 等成分的保養品，還有一些天然類成分如茶樹精油、迷迭香精油也有殺菌、抑菌的作用。

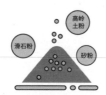

油脂過剩

當面部油脂分泌過多，也會造成痤瘡，這時候就需要吸油控油。滑石粉、高嶺土粉、矽粉等一些粉狀物質就有吸油的作用，PCA 鋅、金縷梅提取物等一些酸類可以控制皮脂腺的分泌來減少出油，植物類如去甲二氫癒創木酸、石竹素可以抑制 5α 還原酶活性來控油。

角化过度

毛孔堵起來導致的痘痘，可以通過刷酸來解決。親水性的酸例如果酸、乳酸、葡糖酸，親脂性的酸例如水楊酸、杏仁酸、A 醇、吡硫鎓鋅 ZP 等可以促進角質代謝，疏通毛孔，緩解痘痘肌。

化學剝脫臨床指南

我們經常提到刷酸，刷酸能夠去痘、美白等等，那有沒有權威專業的文獻來說明驗證？

Evidence and Considerations in the Application of Chemical Peels in Skin Disorders and Aesthetic Resurfacing

ᵃMARTA I. RENDON, MD; ᵇDIANE S. BERSON, MD, FAAD; ᶜJOEL L. COHEN, MD, FAAD; ᵈWENDY E. ROBERTS, MD; ᵉISAAC STARKER, MD, FACS; ᶠBEATRICE WANG, MD, FRCPC, FAAD

ᵃClinical Associate Professor, Dermatology, University of Miami School of Medicine, Miami, Florida; ᵇAssistant Professor, Dermatology; Assistant Attending Physician, New York-Presbyterian Hospital, New York, New York; ᶜDirector, AboutSkin Dermatology and DermSurgery, PC; Clinical Associate Professor, Dermatology, University of Colorado, Denver, Colorado; ᵈAssistant Clinical Professor of Medicine, Loma Linda University Medical Center, Loma Linda, California; ᵉClinical Private Practice, the Peer Group Plastic Surgery Center, Florham Park, New Jersey; ᶠDirector, Melanoma Clinic; Assistant Professor, McGill University, Montreal, Canada

Reference： J Clin Aesthet Dermatol. 2010 7;3(7)

《臨床與美容皮膚病學雜誌》有一篇關於化學剝脫的文章，向我們詳細的介紹了刷酸。

刷酸是一種流行，相對便宜且安全的方法，用於治療一些皮膚疾病、更新和恢復皮膚。淺層剝脫影響表皮和真皮 - 表皮界面，用於治療輕度色沉、痤瘡、炎症後色素沉著等，有助於恢復皮膚的光澤和亮度。中度剝脫用於治療色差，如日曬色斑、多發性角化病、淺表疤痕、色素紊亂，癒合過程較長。深層剝脫可用於嚴重的光老化、深或粗皺紋、疤痕，滲透到網狀真皮層，能最大限度地刺激再生膠原蛋白。

化學剝脫分類

化學剝脫劑分爲四類，也就是酸分爲四類。

ABSTRACT

Chemical peeling is a popular, relatively inexpensive, and generally safe method for treatment of some skin disorders and to refresh and rejuvenate skin. This article focuses on chemical peels and their use in routine clinical practice. Chemical peels are classified by the depth of action into superficial, medium, and deep peels. The depth of the peel is correlated with clinical changes, with the greatest change achieved by deep peels. However, the depth is also associated with longer healing times and the potential for complications. A wide variety of peels are available, utilizing various topical agents and concentrations, including a recent salicylic acid derivative, β-lipohydroxy acid, which has properties that may expand the clinical use of peels. Superficial peels, penetrating only the epidermis, can be used to enhance treatment for a variety of conditions, including acne, melasma, dyschromias, photodamage, and actinic keratoses. Medium-depth peels, penetrating to the papillary dermis, may be used for dyschromia, multiple solar keratoses, superficial scars, and pigmentary disorders. Deep peels, affecting reticular dermis, may be used for severe photoaging, deep wrinkles, or scars. Peels can be combined with other in-office facial resurfacing techniques to optimize outcomes and enhance patient satisfaction and allow clinicians to tailor the treatment to individual patient needs. Successful outcomes are based on a careful patient selection as well as appropriate use of specific peeling agents. Used properly, the chemical peel has the potential to fill an important therapeutic need in the dermatologist's and plastic surgeon's armamentarium.
(*J Clin Aesthetic Dermatol.* 2010;3(7):32–43.)

Reference： J Clin Aesthet Dermatol. 2010 7;3(7)

第一類是 α 羥基酸，也就是常說的果酸，就是從水果中提取的一類酸，包括蘋果酸、檸檬酸、杏仁酸等，杏仁酸常用濃度是 10%~30%。第二類是水楊酸，常用濃度是 0.2~30%。第三類是三氯醋酸，它是目前酸度最強的化學剝脫劑，早期的小診所點痣就是利用三氯醋酸進行小範圍腐蝕去除。第四類是複合酸，指兩種及以上的酸組合使用，能夠兼具兩種酸的特性。

化學剝脫適應症

酸有哪些作用，主要以下有三點。

CURRENTLY AVAILABLE PEELS

A wide variety of peels are available with different mechanisms of actions, which can be modulated by altering concentrations. Agents for superficial peels today include the alpha hydroxy acids (AHAs), such as glycolic acid (GA), and the beta hydroxy acids (BHAs), including salicylic acid (SA). A derivative of SA, β-lipohydroxy acid (LHA, up to 10%) is widely used in Europe and was recently introduced in the United States. Tretinoin peels are used to treat melasma and postinflammatory hyperpigmentation (PIH).[7] Trichloroacetic acid (TCA) can be used for superficial (10–20%) peels and for medium-depth peels (35%). Combination peels, such as Monheit's combination (Jessner's solution with TCA),[8] Brody's combination (solid carbon dioxide with TCA),[9] Coleman's combination (GA 70% + TCA),[10] and Jessner's solution with GA,[11] have been used for medium-depth peels where a deeper effect on the skin is required but deep peeling is not an option. Deep peels are typically performed with phenol-based solutions, including Baker-Gordon phenol peel and the more recent Hetter phenol-croton oil peel.[12]

Reference：J Clin Aesthet Dermatol. 2010 7;3(7)

01 代謝作用

酸可以促進表皮細胞更替，啓動真皮修復重建。刷酸就像是在剝樹皮，使用含有果酸、水楊酸、杏仁酸等成分的產品，根據濃度的不同，從角質層到表皮層，一層一層的穿透剝脫，從而促進新生肌膚生長。

02 腐蝕作用

酸都具有一定的腐蝕性，只是強弱不同。比如硫酸可以致人毀容，三氯醋酸可以直接引起蛋白質變性，使角質形成細胞壞死、剝脫，促進表皮細胞代謝，刺激真皮細胞外基質重構。

03 其他作用

酸還可以調節皮膚 pH 值和微環境，發揮抑菌或殺菌作用。水楊酸不僅可以減少黑色素的生成，還具有抗炎、抑制皮脂分泌的作用。30% 的水楊酸可以用來治療玫瑰痤瘡和脂漏性皮膚炎。

刷酸術後常見併發症

刷酸後如果出現併發症該怎麼處理，以下總結了幾種併發症的處理方法以及預防措施。

Complications of Medium Depth and Deep Chemical Peels

Superficial and medium depth peels are dynamic tools when used as part of office procedures for treatment of acne, pigmentation disorders, and photo-aging. Results and complications are generally related to the depth of wounding, with deeper peels providing more marked results and higher incidence of complications. Complications are also more likely with darker skin types, certain peeling agents, and sun exposure. They can range from minor irritations, uneven pigmentation to permanent scarring. In very rare cases, complications can be life-threatening.

KEYWORDS: Chemical peel, complications, superficial and medium depth

Reference： J Cutan Aesthet Surg. 2012 10;5(4)

在刷酸過程中如果皮膚感到刺激、癢或灼燒感，應該立即停止刷酸，塗抹保濕霜緩解，成分越簡單越好，下次就避免使用高濃度的酸，防止過度剝脫。如果是遲發性併發症，幾天到幾週內出現反應性痤瘡、過敏、毒性反應，局部或口服抗生素、局部使用杜鵑花酸、低劑量皮質類固醇或低劑量異維A酸，嚴重時需要進行心肺監護，下次刷酸前可以先進行耳後皮試，觀察身體對其的反應再選擇是否繼續進行。

如果刷酸後感染了真菌、念珠菌等，應該局部或全身塗抹抗生素或抗真菌藥，口服抗病毒藥物進行治療。預防這種情況，刷酸後記住要避免摩擦、抓撓，避免被感染。

酸的總整理

酸可以提供一個酸性環境，抑制細菌的生長，促進角質細胞正常脫落，減少毛孔堵塞，控制痘痘的產生。

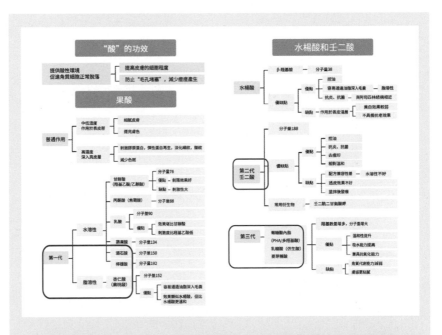

果酸簡單可以分爲三代，一代酸就是果酸，中低濃度的果酸作用於表皮層，可以使皮膚更細膩，幫助提亮膚色，高濃度果酸可以作用真皮層，可以刺激膠原蛋白，彈性蛋白再生，淡化細紋、皺紋、減少色斑。一代果酸又分爲水溶性和脂溶性，水溶性果酸包括甘醇酸、蘋果酸、檸檬酸等，而脂溶性果酸只有杏仁酸，它容易通過油脂深入毛囊，清潔效果更好。二代酸是杜鵑花酸，它可以控油、抗炎、抗菌，相對溫和。三代酸有葡糖酸、乳糖酸、麥芽糖酸，因爲羥基數量多，所以吸水能力强，更溫和更適合有保濕需求的人群。

三代弱酸天天用

那三代酸有沒有什麼區別，怎麼進行選擇？下面這張表給我們作了一個總結。

化學成分種類	第一代果酸	第二代果酸	第三代果酸
	甘醇酸 乳酸 檸檬酸 酒石酸 蘋果酸 杏仁酸	杜鵑花酸 （壬二酸）	葡糖酸
去角質能力	★ ★ ★	★ ★	★
抗痘能力	★ ★ ★	★ ★	★
溫和程度	★	★ ★	★ ★ ★
保濕能力	★ ★	★ ★	★ ★ ★
抗炎效果	－	★ ★	－

一代果酸包括甘醇酸、檸檬酸、蘋果酸、杏仁酸等，其酸性較強，剝脫能力相對也較強，所以去角質能力和抗痘能力一代果酸比杜鵑花酸、葡糖酸強，杜鵑花酸居後，葡糖酸最弱。三代葡糖酸正因為剝脫能力在三者之中最弱，所以溫和度是最高的。葡糖酸分子中羥基數量多，鎖水能力最強，因此更保濕，對乾皮友好。只有杜鵑花酸有抗炎能力，如果有抗炎需求首選杜鵑花酸。生活中既要定期去洗牙，也要天天刷牙。刷酸也是如此，如果臉上有粉刺黑頭，既需要去皮膚管理中心每月 1 次刷酸，也需要在家自己刷弱酸。

德茉一二三代酸

德茉針對三種酸都推出了相對應的產品，院護家居，搭配使用。

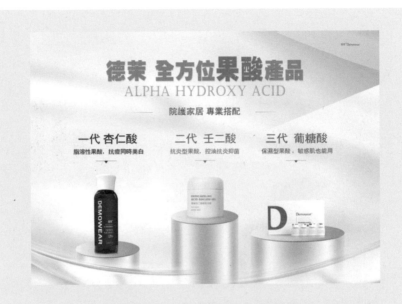

一代杏仁酸屬於脂溶性果酸，德茉推出杏仁酸柔皙煥膚液，主要功效抗痘和美白，健康油皮專用。院護專用，每月使用 1 次。

二代杜鵑花酸（壬二酸）屬於抗炎型果酸，德茉推出壬二酸櫻花凍膜，主要功效抑菌和抗炎，針對面部細菌多、發炎的玫瑰痤瘡 2 期和脂漏性皮炎人群專用。家居可以每周使用 2~3 次。

三代葡糖酸屬於保濕型果酸，德茉推出葡糖酸內酯精華，主要功效保濕和疏通，中性油皮專用。家居使用，每日使用 1 次。

杏仁酸

杏仁酸，專業學名叫苯乙醇酸，是目前唯一的脂溶性果酸。

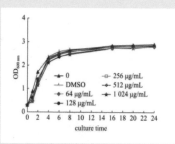 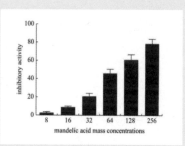

由於杏仁酸兼具脂溶性和水溶性，疏通毛孔的同時具有一定的美白作用。
雖然甘醇酸、乳酸也有美白的作用，但它們是水溶性的，就不適合痘痘肌。
杏仁酸的化學結構和抗生素類似，所以具有一定的抗菌性。濃度 2.5% 的
杏仁酸可以在一分鐘內殺滅 100 萬個大腸桿菌，四分鐘內殺滅 100 萬個
金黃色葡萄球菌。

實驗結果圖顯示，不同濃度的杏仁酸對抑制金黃色葡萄球菌有不同的效果，
濃度越高抑制效果越好。

杏仁酸

杏仁酸與皮膚親和力高，滲透性強，能抑制痤瘡丙酸桿菌，改善毛囊皮脂腺導管阻塞問題。

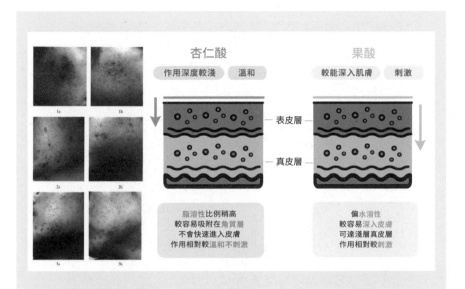

研究人員使用杏仁酸來治療面部輕中度痤瘡，從治療前後的對比圖來看，效果明顯，面部症狀得到了很大的改善，表明杏仁酸具有一定的抗痤瘡功效。

我們臉上肌膚水分佔大多數，杏仁酸相對其他酸類分子量較大，且是脂溶性，作用在皮膚表層，容易吸附在角質層，不會快速進入到皮膚裡面，作用相對較溫和、不刺激，而果酸偏水溶性，很容易深入皮膚到達真皮層，作用相對比較刺激。

德茉 12% 杏仁酸

德茉針對問題肌需要刷酸設計推出項目—水光煥膚，主要針對粉刺閉口，還可以控油、解決痘印。

德茉項目中使用油溶性的杏仁酸來疏通毛孔，溶解粉刺，杏仁酸濃度選擇 12%，刷酸時間為 1~3 分鐘，根據個人實際情況而定，總時長不超過 3 分鐘。

之後再使用波段 560nm 的彩光，殺滅痤瘡桿菌的同時還能夠淡化黑色素沉澱造成的痘印，進一步抑制皮脂腺分泌，刺激膠原再生、收縮毛孔。

你在選擇保濕保養品的時候，是不是認為只要補水就夠了呢？這章告訴你！

03

保濕產品成分分析

Analysis of moisturizing product ingredient

皮膚需要的保濕元素

我們很多人都會有一個誤區，認為保濕就是補水，其實不是的。我們的皮膚需要處於一個水油比例平衡才能達到最穩定的狀態，所以我們不但要補水還要補油。

水性保濕

甘油、海藻糖、木糖、B5、山梨糖、丙二醇、丁二醇等一些小分子多元醇，能夠通過氫鍵黏住水分子，直接幫皮膚鎖住水分。

各種氨基酸、PCA、尿素、乳酸鈉等成分可以補充我們角質層缺失的保濕因子，就像是水性的肥料可以一直向皮膚供水。

大分子多醣類如玻尿酸、銀耳提取物、聚麩氨酸、各種生物多醣等可以幫助我們網住保養品中的水分，像保鮮膜一樣封住水分減少揮發的損失。

油性保濕

一直活躍在大眾視線的神經醯胺、磷脂質、甾醇、不飽和脂肪酸都屬細胞間脂質，保養品中含有這些成分可以補充角質層油脂屏障，就像水泥一樣鞏固角質層結構。

皮脂膜的成分包含角鯊烯、三酸甘油酯，補充皮脂膜缺少的成分可以修復皮脂膜，恢復我們自身的皮膚屏障。

植物油（亞/次亞麻油酸）、ADEK 等不飽和酸可以修復潤澤角質細胞，幫助角質細胞正常代謝更新。

神經醯胺的種類與分布

神經醯胺有天然和人工合成的兩大類，大部分神經醯胺以人工合成爲主，少部分來自植物萃取。

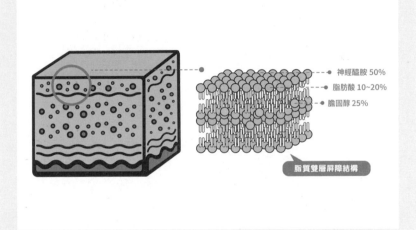

神經醯胺 50%
脂肪酸 10~20%
膽固醇 25%

脂質雙層屏障結構

我們皮膚的最外面是角質層，像是一道城牆。角質細胞就是這個城牆的"磚"，角質細胞間隙中的脂質，類似連接和加固磚的"水泥"。細胞間脂質包括神經醯胺、膽固醇、脂肪酸，其中神經醯胺佔 50%，是擔當著"水泥"角色的一員大將。

神經醯胺有天然和人工合成的兩大類，大部分神經醯胺以人工合成爲主，少部分來自植物萃取。還有人工合成的類神經醯胺，具有和神經醯胺類似的結構，同樣親水親油，功能上只有稍微的小差別。

神經醯胺 Ceramide

很多保養品裡都添加了神經醯胺成分，那麼人體中它的成分組成有哪些？

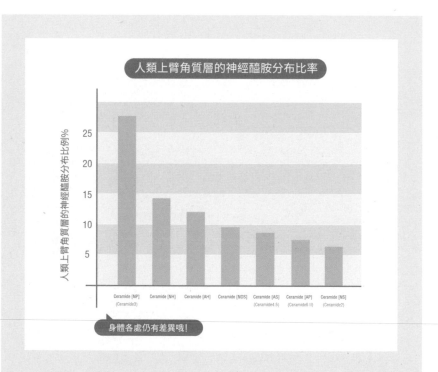

人類上臂角質層的神經醯胺分布比率

身體各處仍有差異哦！

有研究分析健康成年人上臂肌膚中的神經醯胺的組成，結果顯示神經醯胺的種類多達十幾種，其中 Ceramide[NP] 含量最多，佔比 22%，Ceramide[NH] 佔比 14.5%，屈居第二，最少的成分含量不足 1%。此外不同身體部位神經醯胺組成比例也不一樣。

德茉的皮脂膜修護精華乳裡就添加了神經醯胺 NP，有抗衰、抗氧化等功效。

什麼叫仿生脂

仿生脂就是模擬皮膚屏障的脂質。

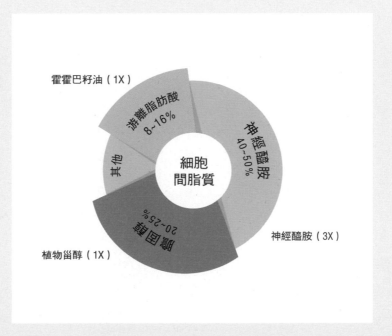

皮膚自身的細胞間脂質主要由神經醯胺、膽固醇、游離脂肪酸等物質組成，其中神經醯胺佔 40~50%，膽固醇佔 20~25%，游離脂肪酸佔比 8~16%。仿生脂就是由 3 份神經醯胺、1 份的植物甾醇、1 份的霍霍巴籽油，以 3:1:1 構成。

仿生脂急救用法

德茉皮脂膜修護精華乳，遵循科學實驗結論採用最佳摩爾比 3:1:1 配製，接近皮膚自身脂質構成。

膽甾醇

角質細胞間脂質
細胞膜形成必要成分

4– 叔丁基環己醇

抑制辣椒素受體
減緩瘙癢刺痛

當你敏感很嚴重的時候，建議清水洗臉後不擦乾直接塗精華乳。之所以不擦乾，就是要避免你忍不住就下手重了，本來皮膚就敏感，再一個大力揉擦，皮膚更受不住，問題更嚴重。

抗敏類保養品怎麼選，
五花八門的品牌令人眼花
撩亂，保養品成分表告訴
你！

04

抗敏產品成分分析

Analysis of anti-allergic product ingredient

保養品抗敏原則：抗發炎舒緩

殼糖胺（殼聚糖）

燒傷科醫院用於促進二度燒傷癒合

保養品抗敏原則：抗發炎舒緩

組織胺是人體中一種活性物質，組織胺大部分會存在肥大細胞中。當身體受到過敏原刺激時，細胞就會釋放組織胺，身體隨之出現瘙癢、打噴嚏等過敏症狀。保養品也可以通過添加一些成分來起到抗炎舒緩的作用。

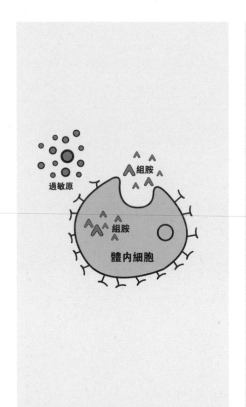

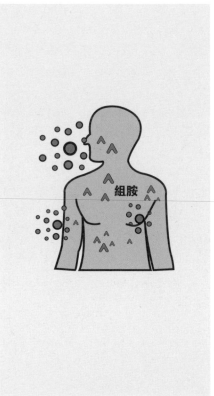

過敏原　　　　　　　　　　　　　　組胺

肥大細胞

抗發炎

紅沒藥醇、甘草萃取物、殼糖胺等成分可以抗發炎，減少發炎因子的持續釋放，降低敏感的紅腫熱痛癢症狀。

皮膚保護膜

凡士林、玻尿酸可以補充皮脂膜成分，恢復皮脂膜屏障，大分子多糖可以網住水分，防止水分散失。

恢復角質屏障

前面說過我們的皮膚不僅要補水還要補油。氨基酸和神經醯胺就是水溶性保濕因子和油溶性保濕因子，幫助我們恢復正常的角質屏障。

殼聚糖

殼聚糖是醫院用於修復皮脂膜敷料，以下這篇文獻總結了目前殼聚糖的一些應用研究。

 materials

Review
Recent Advances in Chitosan-Based Applications—A Review

Charitha Thambiliyagodage [1,*], Madara Jayanetti [1], Amavin Mendis [1], Geethma Ekanayake [1], Heshan Liyanaarachchi [1] and Saravanamuthu Vigneswaran [2,3,*]

[1] Faculty of Humanities and Sciences, Sri Lanka Institute of Information Technology, Malabe 10115, Sri Lanka
[2] Faculty of Engineering and Information Technology, University of Technology Sydney, P.O. Box 123, Broadway, NSW 2007, Australia
[3] Faculty of Sciences & Technology (RealTek), Norwegian University of Life Sciences, P.O. Box 5003, N-1432 Ås, Norway
* Correspondence: charitha.t@sliit.lk (C.T.); saravanamuth.vigneswaran@uts.edu.au (S.V.)

Reference:Materials (Basel).2023 3;16(5)

殼聚糖是一種大分子化合物，因具有生物相容性、可生物降解性、低反應性和低致敏性等特點，在醫藥、化妝品、食品、環境修復和農業等領域都有應用。

羥甲基殼聚糖是殼聚糖的衍生物，不僅像殼聚糖一樣易溶於水，還具有良好的吸收、保濕、抑菌等功能。與殼聚糖相比，還具有更高的細胞相容性。有研究表明，羥甲基殼聚糖與透明質酸，也就是玻尿酸有十分相似的分子結構，我們都熟知玻尿酸能補水保濕，但羥甲基殼聚糖的保濕能力更強於玻尿酸。

燒傷科醫院用於促進二度燒傷癒合

殼糖胺又叫殼聚糖，是醫院燒傷科都在使用的材料。

4.4. Wound Dressing

Chitosan is derived from the naturally occurring chitin biopolymer and contains many desirable characteristics, such as biocompatibility and antimicrobial activity [80]. This renders chitosan highly suitable for wound dressing and aiding in the healing process. The application of chitosan in this aspect has been studied extensively in the recent past and has led to many advances. To act as an ideal wound dressing, these properties are vital, such as representing a physical barrier that is permeable to oxygen but at the same time maintains or provides a moist environment, is sterile and non-toxic and protective against microorganism infections, provides an appropriate tissue temperature to favour epidermal migration and promote angiogenesis, and is non-adherent to prevent traumatic removal after healing [81].

Reference:Materials (Basel).2023 3;16(5)

殼聚糖在醫藥方面的一個應用就是作爲傷口的敷料。文獻裡說到殼聚糖具有良好的生物相容性和抗菌活性，使得殼聚糖非常適合用於傷口敷料並幫助傷口癒合。有研究人員做了殼聚糖水凝膠與對照組對慢性難癒合傷口治療的對比，殼聚糖組 3 周後有顯著的改善效果。

德茉人手一支的皮脂膜凍膜就含有殼糖胺成分，保濕抑菌還抗炎，預防疤痕及色沉，光電術後、暴曬過後臉上厚敷，紅腫痘厚敷過夜，都能抗炎消腫。

突然某天急性敏感了怎麼辦，什麼方法能快速急救呢？

05

急性敏感，怎麼辦?
What should I do when skin feel sensitve？

用了產品刺痛了，怎麼解釋?

神經醯胺 + 凡士林

皮脂膜修護 Sebum barrier repair

藍銅胜肽 GHK-Cu

德茉產品 - 藍銅胜肽原液

用了產品刺痛了，怎麼解釋？

如果客戶說使用你的產品後不舒服了，你應該怎麼解決？首先應該猜想是過敏還是敏感。

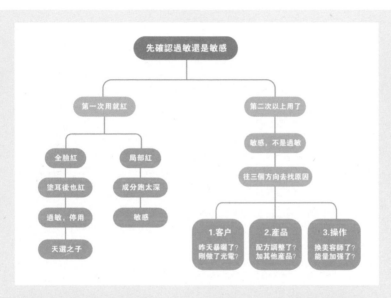

詢問客戶是第一次用就紅了還是第二次用才紅，如果回答使用第二次以上紅，那就是敏感。

如果第一次就紅了，可能是過敏。第一次臉部紅是全臉紅還是局部紅，如果局部紅，一般就是臉頰紅，那就是臉頰小洞洞太多了，保養品成分跑進去了，造成了敏感；如果全臉都紅，可以塗耳後試試，如果耳後也紅，這就是過敏，趕快停用這個保養品。

如果第一次、第二次都沒事，第三次突然爆了，可以往三個方向去猜想。問客戶是不是暴曬過，是不是剛做完光電，問問美容師有沒有調整配方或者加其他產品了，或者可能是不同美容師操作手法不一樣了。

神經醯胺 + 凡士林

如果敏感了怎麼辦？解決方法就是修復皮膚屏障，做皮脂膜修護。

不同局部治療後的屏障恢復				
治療（急性損傷後）	從初始的基值（%）到開始的修復率（%）			
	45分鐘	2小時	4小時	8小時
空氣暴露或載體（賦形劑）	15	25	35	55
生理性脂質（不完全混合物）	15	20	25	35
生理性脂質（等摩爾）	15	25	35	55
生理性脂質（最佳摩爾比）	10	55	75	90
礦脂	50	50	50	40
生理性脂質[a]+礦脂[a]	55	70	90	95

[a]最佳摩爾比=3:1:1（神經醯胺：游離甾醇：游離脂肪酸）
等摩爾=1:1:1

當生理性脂質中神經醯胺：游離甾醇：游離脂肪酸 =3:1:1 時，用來治療急性損傷，45 分鐘後修復率是 10%，8 小時後修復率達到 90%。礦脂單獨治療急性損傷，修復率只有 50%。

當 3:1:1 的生理性脂質加上礦脂，45 分鐘的修復率就達到 55%，8 小時後能達到 95%，比單獨一個成分修復效果更好。

由此看出我們有效修復皮膚屏障，要靠神經醯胺和礦脂類物質。

皮脂膜修護 Sebum barrier repair

德茉王牌項目—皮脂膜修護，針對紅腫熱痛癢症狀，主要功效是舒敏退紅。

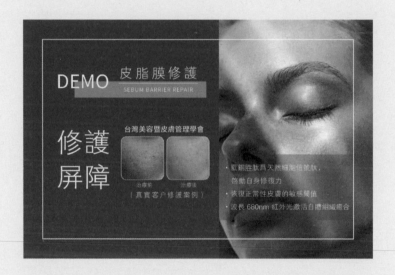

針對乾皮、油皮設計使用不同的操作步驟，油皮的皮脂膜修護中使用到德茉的王牌凍膜，裡面添加的殼糖胺成分可以快速幫助消炎消腫。操作中使用到冰導，溫度設定在 10~15 攝氏度之間，溫度過低對皮膚也是一種刺激，操作中採用蓋章式導入，安全效果更佳。

藍銅胜肽 GHK-Cu

藍銅胜肽（GHK-Cu），又稱三肽一銅，由甘氨酸、組氨酸、賴氨酸與銅離子複合而成，自然存在於人的血液、唾液和尿液當中。

The human tri-peptide GHK and tissue remodeling

LOREN PICKART *

Skin Biology, 4122 Factoria Boulevard, Suite 200, Bellevue, WA 98006, USA

Received 1 February 2007; accepted 15 May 2007

Abstract—Tissue remodeling follows the initial phase of wound healing and stops inflammatory and scar-forming processes, then restores the normal tissue morphology. The human peptide Gly-(L-His)-(L-Lys) or GHK, has a copper 2+ (Cu^{2+}) affinity similar to the copper transport site on albumin and forms GHK-Cu, a complex with Cu^{2+}. These two molecules activate a plethora of remodeling related processes: (1) chemoattraction of repair cells such as macrophages, mast cells, capillary cells; (2) anti-inflammatory actions (suppression of free radicals, thromboxane formation, release of oxidizing iron, transforming growth factor beta-1, tumor necrosis factor alpha and protein glycation while increasing superoxide dismutase, vessel vasodilation, blocking ultraviolet damage to skin keratinocytes and improving fibroblast recovery after X-ray treatments); (3) increases protein synthesis of collagen, elastin, metalloproteinases, anti-proteases, vascular endothelial growth factor, fibroblast growth factor 2, nerve growth factor, neutrotropins 3 and 4, and erythropoietin; (4) increases the proliferation of fibroblasts and keratinocytes; nerve outgrowth, angiogenesis, and hair follicle size. GHK-Cu stimulates wound healing in numerous models and in humans. Controlled studies on aged skin demonstrated that it tightens skin, improves elasticity and firmness, reduces fine lines, wrinkles, photodamage and hyperpigmentation. GHK-Cu also improves hair transplant success, protects hepatic tissue from tetrachloromethane poisoning, blocks stomach ulcer development, and heals intestinal ulcers and bone tissue. These results are beginning to define the complex biochemical processes that regulate tissue remodeling.

Reference:J Biomater Sci Polym Ed. 2008;19(8).

多項動物研究證實藍銅胜肽具有傷口癒合的能力，在兔子實驗中藍銅胜肽可以加速傷口癒合並促進新生血管生成，血液中抗氧化酶含量得到提高，也可以幫助大鼠、小鼠等動物傷口癒合。藍銅胜肽含有的 PCA 銅和多種修復類多肽成分，具有修護基底膜功能、結構的作用，促使受損皮膚組織細胞恢復活力，改善皮膚狀態。

德茉產品 – 藍銅胜肽原液

德茉推出藍銅胜肽原液，可以誘導成纖維細胞修復傷口，抑制角質細胞釋放發炎因子，促進四型、七型膠原蛋白合成並減少癒後疤痕組織的形成，適合光電術後修復使用。

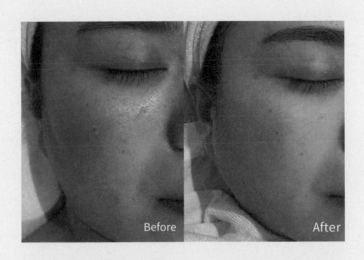

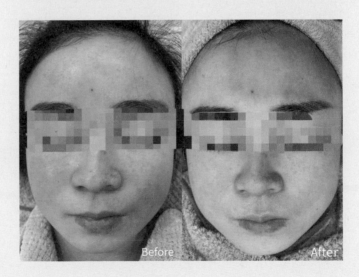

藍銅胜肽原液使用效果對比圖

都說 "一白遮百醜"，
美白方法有很多我要怎
麼選呢？

06

美白產品成分分析
Analysis of whitening product ingredient

如何控制黑色素

當你在太陽下時，紫外線刺激角質細胞，角質細胞就會給黑色素細胞發"求救"消息，黑色素細胞就會產生黑素小體到角質層來抵抗太陽的照射，結果你會發現自己被曬黑了。

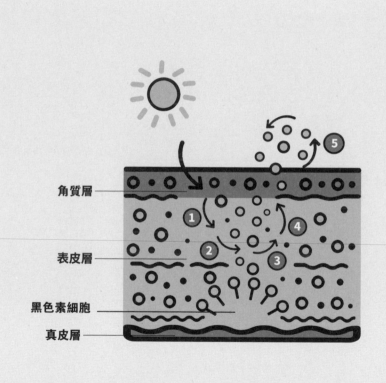

角質層

表皮層

黑色素細胞

真皮層

1 減少角質細胞發炎

我們做好防曬，減少刺激，角質細胞就不會發出"求救"信號，從根源處斷絕黑色素產生的機會。

2 抑制發炎因子刺激黑素細胞

如果角質細胞已經發出信號了，我們能做的就是中斷信號繼續傳遞，使用一些抗發炎功效的產品，抗發炎的成分有甘草酸、傳明酸。

3 抑制黑色素細胞生成黑素小體

信號如果已經到達黑色素細胞，熊果素、曲酸、酰苯胺這些成分可以阻止黑色素細胞產生黑素小體。

4 抑制黑素小體轉移到角質細胞

黑色素細胞已經產生了黑素小體，維生素 C、菸鹼醯胺 B3、酰苯胺可以抑制黑素小體向角質細胞運輸。

5 加速黑素小體脫落

如果黑素小體已經達到角質層，肉眼可見的變黑了，這時候刷酸可以讓黑素小體隨著角質脫落，重新白回來。

維生素 C 爲什麼能美白？

維生素 C 的美白原理是抗氧化，把原本要變黑的酪氨酸打回原型。

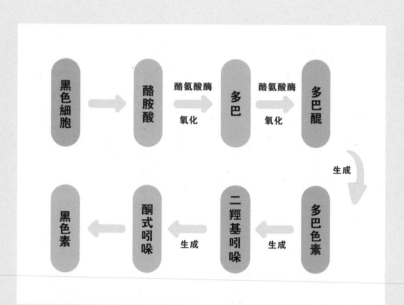

黑色素細胞收到信號到最後產生黑色素，中間是一系列的氧化反應過程。黑色素細胞受到信號，首先產生酪氨酸，隨之被酪氨酸酶氧化生成多巴，多巴繼續被氧化生成多巴醌，多巴醌生成多巴色素，多巴色素繼續生成二羥基吲哚，繼續生成酮式吲哚，最後變成黑色素。

維生素 C 能夠抗氧化，就是把原本要變黑的酪氨酸打回原形，不讓它繼續氧化產生黑色素，就是我們常說的美白了。

還原黑色素

維生素 C 中最有名就是左旋維生素 C，但左旋維 C 最大的缺點就是易失活，儲存環境苛刻，怕熱怕水怕光怕鹼性環境，並且在臉上使用易發黃。

名稱	（左旋）維生素C
INCI/CAS	50-81-7
效用原理	還原黑色素
化學結構	C6H8O6 MW=176
添加量	5~20%
特殊事項	怕熱/水/光/鹼性環境 發黃即失活/都不發黃也無效
同類成分	乙基維生素C（微親脂）

維生素C含量以及溶解性比較

名稱	分子量	維生素C含量（%）	溶解性
乙基維生素C	204.18	86.3	水溶、油溶
維生素C葡糖苷	338.27	52.0	水溶、油溶
維生素C磷酸酯鎂	303.5	49.3	水溶
維生素C磷酸酯鈉	358.08	46.55	水溶

維生素 C 怕水也怕熱，爲了增加穩定性調整化學結構，結果就是效果打折扣，最好的維生素 C 劑型就是乙基維生素 C ＋乾粉避光形式！

乙基維生素 C 和左旋維生素 C 相當於"兄弟"的關係，大部分維生素 C 都是水溶性的，但乙基維生素 C 是油溶性的，還不易失活，因此得到廣泛的青睞。

維生素 C 在溫度高、含水量高的環境下都會失活，維生素 C 的衍生物在高溫環境下結構穩定但效果減弱，研究發現維生素 C 效果最好的劑型和儲存方式就是乙基維生素 C 做成乾粉的形式並且避光儲存。

乙基維生素 C

中國大陸、臺灣、韓國都有各自使用的美白成分，但都使用到的美白成分中，乙基抗壞血酸排首位。

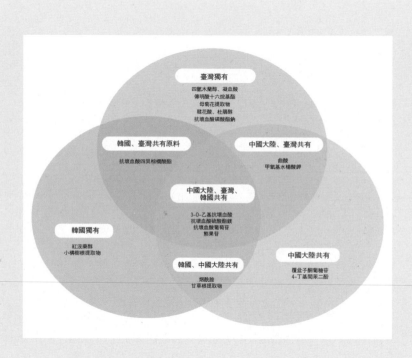

很多保養品中都會添加這種成分，例如臺灣寵愛之名的乙基維他命 C 美白精華，科顏氏的安白瓶中的維 C 也是乙基抗壞血酸。

德萊透肌維 C 原液中添加的也是乙基維生素 C。

德茉 - 離子煥白 Ion whitening

德茉爲有皮膚暗沉問題的客戶推出項目—離子煥白。

德茉爲有皮膚暗沉問題的客戶推出項目—離子煥白，針對發炎後的黃褐斑、黑色痘印、膚色暗黃，從根源解決問題，阻斷黑色素達到角質層，將黑色素還原，恢復原本膚色。項目中使用到微油溶性的 3-O- 乙基維生素 C，含量爲 86.3%，塗抹後直接進入角質間隙，還原角質層已經形成的黑色素顆粒。

變黑最大兇手 - 促黑素

α-MSH，全稱是 α-melanocyte-stimulating hormone，中文名叫黑素細胞刺激素，也叫促黑素。

紫外線照射後角質形成細胞分泌的旁分泌因子影響黑色素細胞生物學			
來自角質形成細胞的因子	對黑素細胞的影響	來自角質形成細胞的因子	對黑素細胞的影響
bFGF	↑↑擴散	GM-CSF	↑黑素生成
ET-1	↑增殖、↑樹突、↑黑素生成	NO	↑黑素生成
IL-1α/1β	↑增殖、↑黑素生成、↑生存	TNF-α	↑樹突、↑生存
ACTH	↑增殖、↑樹突、↑黑素生成、↑生存	NGF	↑黑素生成
α-MSH	↑樹突、↑黑素生成、↑黑素體轉移、↓黑素分解	BMP-4	↑增殖、↑樹突、↑黑素生成
PGE₂/PGF₂α	↑增殖、↑黑素生成		

黑色素細胞的主要功能就是合成黑色素，合成黑色素主要是以酪氨酸爲原料，經過酪氨酸酶一系列催化形成黑色素。

α-MSH 可以與黑色素細胞上的 MC1R 受體結合，激活腺苷酸環化酶，導致細胞內 cAMP（一種傳遞信息的介質）升高，就會激活酪氨酸酶，從而促進黑色素的生成。 α-MSH 還能促進黑色素細胞樹突形成，升高 cAMP 水平，也會促進黑色素的生成。

P&G 專利成分

德茉"小奶瓶"—酰苯胺精華，添加 SEPIWHITE 成分，可以抑制促黑素 MSH 的生成，從而達到美白的效果。

酰苯胺精華同時還有熊果苷和菸鹼醯胺成分，熊果苷能夠抑制黑色素細胞生成黑素小體，菸鹼醯胺可以阻止黑素小體向角質細胞轉移，從黑色素的產生過程中進行干預，最後起到美白的作用。

新手想開始抗衰，該
去做哪個項目？

07

計劃未來式抗衰

Future-Oriented Anti-Aging Planning

損傷也是一種抗衰

現在的年輕化治療都遵循一個邏輯，先破壞再重建。現在的熱門項目熱瑪吉對皮膚也是一種刺激，但術後的炎症可以促進皮膚重新生長。

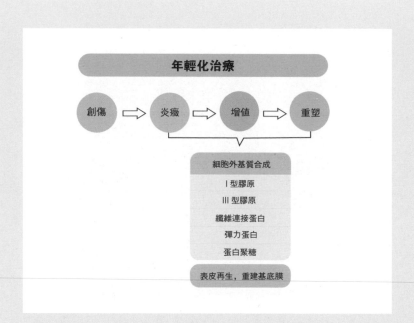

如果點過痣，你會發現點完痣結痂後新長的皮膚就與周圍的皮膚顏色是不一樣的，看著更白更細嫩。

現在的抗衰大都使用熱、電、超聲、針之類的對皮膚進行破壞，使皮膚產生炎症反應，刺激細胞外基質合成各種膠原蛋白，加速代謝掉衰老細胞，促進新生細胞生長，產生新生命力，這樣整個人的皮膚看起來就年輕，延緩了衰老。

我們要的是有限度的損傷

現在很多人主張使用生長因子抗衰，但生長因子我們自己天生就有，當皮膚受到損傷時會自己分泌生長因子，去幫你修復皮膚損傷。

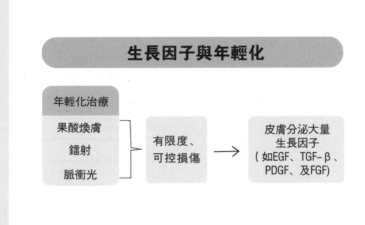

皮膚因子中 EGF 屬於表皮生長因子，有嫩膚潤膚、修復皮膚屏障、減少皺紋等功效，被稱爲"美麗因子"，身體內 EGF 含量的高低直接決定了你的年輕程度。

但是生長因子也不是無限度修復損傷，刷酸、鐳射、脉衝光對皮膚造成的傷害屬有限度、可控的損傷，生長因子才能起作用，如果超出了其可承受範圍，就要去醫院看醫生了。

外用生長因子

皮膚對於外物侵入會有一定的反應。外用生長因子可能會產生不良反應。

外用生長因子：可能的不良反應

過敏反應

生長因子均是生物製劑，過敏的可能性不能完全排除

在健康的皮膚上應用是否能有效滲入表皮層尚有爭議

腫瘤刺激或抑制作用

VEGF	正方：可刺激黑素瘤細胞增長
	反方：能顯著抑制頭頸部鱗狀細胞癌
TGF-β	似乎可抑制癌細胞增長，但也可促進癌細胞的生長

對瘢痕生長的影響

會導致瘢痕過度增生嗎？

01 過敏反應

生長因子都是生物製劑，不能完全排除過敏的狀況，易過敏人群可能需要謹慎使用。健康皮膚上使用能否有效的滲入皮膚，還沒有一個明確的定論，尚存在爭議。

02 腫瘤刺激或抑制作用

關於生長因子 VEGF 的使用就存在爭議，正方認爲會刺激黑素瘤細胞增長，不能使用，反方認爲 VEGF 能顯著抑制頭頸部鱗狀細胞癌，可以使用。TGF-β 能夠抑制癌細胞增長，但也會促進癌細胞的生長。

03 對瘢痕生長的影響

外用生長因子是否會導致瘢痕的過度增生，還是一個有待研究的問題。

光電抗衰是不是透支未來？

抗衰是一個長期的事，沒有哪個醫美項目能夠一蹴而就，我們需要根據不同時期皮膚的問題對症下藥。

關於提升緊緻技術

正面：病因治療、對抗治療，因此需要終身對抗

負面：短暫的熱收縮具有"商業"效應，但會傷害皮膚，應當盡量避免

熱瑪吉、超聲刀的療效是一過性的，並無遠期循證醫學研究

不建議"熱變性"即刻驚艷式治療，建議採用"熱激活"的溫和式治療

抗老化是"為未來計劃"而不是"透支未來"

熱瑪吉（電波）、超聲刀（音波）產生的是短期、令人驚艷的效果，維持不了長期的狀態，同時還會傷害皮膚，應儘量避免去做這類項目。建議採用"熱激活"的治療方式，例如光子嫩膚。

抗老化是為了未來計劃，而不能"透支未來"，損傷自身，就只為了讓當下看到立即效果，不是長遠之計。

計劃未來 vs 透支未來

透支未來式的抗衰會產生即刻的效果，原理是煮熟皮膚裡面現有的膠原蛋白，膠原蛋白收縮後瓦解，例如熱瑪吉，產生的熱損傷會讓膠原纖維即刻收縮，當下皮膚狀態就會變得比之前緊緻。

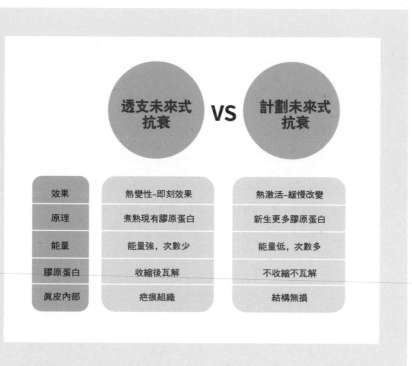

	透支未來式抗衰 VS	計劃未來式抗衰
效果	熱變性-即刻效果	熱激活-緩慢改變
原理	煮熟現有膠原蛋白	新生更多膠原蛋白
能量	能量強，次數少	能量低，次數多
膠原蛋白	收縮後瓦解	不收縮不瓦解
真皮內部	疤痕組織	結構無損

這種"熱變性"項目使用的能量比較強，重複的次數少，能直達真皮層。

計劃未來式抗衰項目見效的慢，原理是刺激產生更多的新生膠原蛋白，例如光子嫩膚，不收縮不瓦解膠原蛋白，對真皮內部結構沒有損傷。項目中使用的能量低，更安全。

計劃未來式抗衰

計劃未來式抗衰推薦使用光子、射頻、超聲類輕光電，各自有點差別。

	光子 VS	射頻 VS	超聲
作用原理	光被水分子吸收產生熱 熱激活新生膠原蛋白	電流產生電阻產生熱 熱激活新生膠原蛋白	微聚焦超聲產生熱 熱激活新生膠原蛋白
市場頭部	光子嫩膚OPT 黑金超光子DPL	黃金射頻 飛頓熱拉提/科醫人蛋白肌	LDM 玻色因美塑
治療溫度	42~55度	55~65度	42~55度
能量把握	面部微紅微熱	面部持續潮紅冰敷後消退	面部微紅微熱
治療間隔	1~2週	1~2月	1~2週
治療次數	6~8次/年	3~5次/年	8~10次/年
術後併發症	色沉 乾癢/爆粉刺	色沉 乾癢/爆粉刺	乾癢
危險係數	★ ★	★ ★ ★	★

01 光子

市場上主要有光子嫩膚 OPT、黑金超光子 DPL 兩種，作用原理是光被水分子吸收產生熱，熱激活新生膠原蛋白。術後可能會有色沉、乾癢、爆粉刺的症狀，危險係數較低，一年大概 6~8 次爲宜。

02 射頻

市場上有黃金射頻、飛頓熱拉提、科醫人蛋白機，作用原理是電流產生熱，熱激活新生膠原蛋白。術後也可能會有色沉、乾癢或爆粉刺的情況，危險係數略高，治療次數一年 3~5 次爲宜。

03 超聲

市場上有 LDM、玻色因美塑，作用原理是超聲產生熱，熱激活新生膠原蛋白。術後可能會有乾癢的併發症，危險係數低，　年可進行 8~10 次。

有的人害怕光電儀器，
有沒有保養品可以抗
衰呢？

08

抗衰成分分析
Analysis of anti-aging ingredient

基底膜在哪裡?

我們經常說表皮、真皮,但基底膜很少被提及。

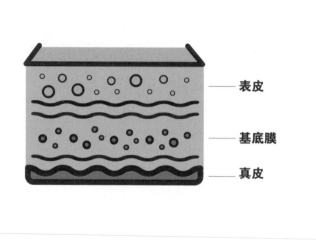

基底膜是很重要的,存在我們身體的所有皮膚組織中,與我們的抗衰老有關。基底膜是在表皮和真皮的交界處的一層薄膜,厚度40~120nm,在生命活動中承擔著重要的功能。

基底膜對皮膚的重要性

資生堂研究開發中心發表了一篇關於基底膜結構和功能的綜述，裡面就詳細的介紹了基底膜。

 *biomolecules* MDPI

Review

The Human Epidermal Basement Membrane: A Shaped and Cell Instructive Platform That Aging Slowly Alters

Eva Roig-Rosello [1,2] **and Patricia Rousselle** [1,*]

[1] Laboratoire de Biologie Tissulaire et Ingénierie Thérapeutique, UMR 5305, CNRS-Université Lyon 1, SFR BioSciences Gerland-Lyon Sud, 7 Passage du Vercors, 69367 Lyon, France; eva.roig-rosello@ibcp.fr

[2] Roger Gallet SAS, 4 rue Euler, 75008 Paris, France

[*] Correspondence: patricia.rousselle@ibcp.fr; Tel.: +33-472-72-26-39

Received: 12 October 2020; Accepted: 23 November 2020; Published: 27 November 2020

check for updates

Reference：Biomolecules．2020 11;10(12)

基底膜是表皮與真皮之間重要的承接結構，主要成分是一些膠原蛋白、層黏連蛋白等，互相纏繞彼此交互形成的網狀結構。主要有表皮真皮的承接作用、信號傳導、滲透屏障的功能等。基底膜的完好健康，可以實現表皮 - 基底膜 - 真皮三者之間順暢循環，皮膚保持完整性。

光老化與基底膜的相關性

暴露在陽光下會引起基底膜發生改變，會造成曬傷、光老化等各種問題。

Accepted: 18 May 2016

DOI: 10.1111/exd.13085

REVIEW

WILEY Experimental Dermatology

Characterization and mechanisms of photoageing-related changes in skin. Damages of basement membrane and dermal structures

Satoshi Amano

Reference: Exp Dermatol. 2016 8;25.

有研究人員使用紫外線照射大鼠的背部皮膚，對比沒有照射的大鼠，分析身體內部指標的變化，發現經過紫外線照射後的大鼠皮膚內彈性纖維斷裂，膠原蛋白被破壞。

因此得出結論紫外線對皮膚的傷害會導致皮膚過早老化，我們要注意防護，適當的保養品可以幫助我們改善光老化。

基底膜對皮膚的重要性

基底膜主要由IV型膠原蛋白、VII型膠原蛋白、層黏連細胞組成，可以為基底細胞提供營養，由真皮層向表皮層輸送營養物質，使細胞角化代謝正常，維持皮膚一定保濕的能力。

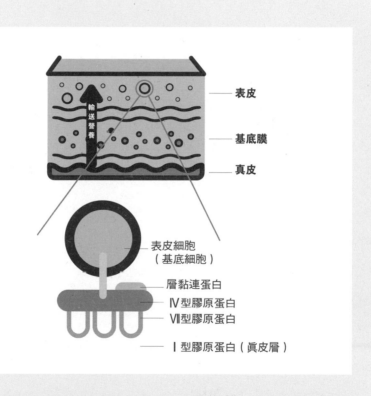

基底膜可以為表皮層提供支撐，可以避免皮膚鬆弛，避免產生細紋；同時基底膜還是真皮層的防禦層，避免刺激物質和黑色素進入真皮層，造成深層損傷。

基底膜對皮膚的重要性

皮脂膜 VS 基底膜

問題皮膚
皮脂膜

衰老皮膚
基底膜

如果面部出現敏感症狀，想要快速恢復肌膚健康狀態，需要針對皮脂膜進行修護解決。

如果面部出現細紋、鬆弛等衰老問題，需要針對的是基底膜進行修復解決。

基底膜受損修復成分

油多、敏感都有相應的成分可以控制，那有沒有什麼成分可以修復受損的基底膜？

Bioorganic & Medicinal Chemistry Letters 19 (2009) 845-849

Contents lists available at ScienceDirect

Bioorganic & Medicinal Chemistry Letters

journal homepage: www.elsevier.com/locate/bmcl

Synthesis of Pro-Xylane™: A new biologically active C-glycoside in aqueous media

Alexandre Cavezza[a], Christophe Boulle[a], Amélie Guéguiniat[a], Patrick Pichaud[a], Simon Trouille[a], Louis Ricard[b], Maria Dalko-Csiba[a,*]

[a] L'Oréal Recherche, Personal Care Chemistry, 93601 Aulnay sous Bois, Cedex, France
[b] Laboratoire "Hétéroéléments et Coordination", Ecole Polytechnique, 91128 Palaiseau Cedex, France

Table 3
C-glycosides from keto derivative reduction with $NaBH_4$

Compound	Starting sugar	R'	Yield (%)
16	D-Glucose	Me	88
17	D-Fucose	Me	65
18	D-Arabinose	Me	90
19	D-Lactose	Me	65
20	D-Xylose	Me	98
21	L-Fucose	Me	86
22	D-Glucose	4-OMe-Ph	100

Reference：Bioorganic & Medicinal Chemistry Letters.2009 2;9(3).

玻色因結構

INCI 名：羥丙基四氫吡喃三醇
英文名：C-Xyloside
商品名：Pro-Xylane

在這篇文章中，歐萊雅研發中心共合成出了 23 種化合物，經過篩選發現有一些化合物能夠促進糖胺聚糖（GAGs）合成，其中效果最好的是 20 號（即玻色因），並於 2006 年 9 月成功上市。

歐萊雅的研究中心在二十幾種化合物中發現了玻色因。玻色因可以促進 IV 膠原蛋白和 VII 膠原蛋白的合成，使皮膚的表皮層和真皮層更加穩定緊密。玻色因還可以促進 GAGs（葡萄糖胺聚糖）的合成，這種物質會形成網狀結構，網住水分，防止皮膚水分的流失，網狀結構可以使皮膚各組織排列整齊不鬆散，我們的皮膚看起來就顯得緊緻富有彈性。

基底膜受損修復成分

基底膜中有個結構叫 Perlecan(串珠素)，可以促進真皮 - 表皮的連接。

Investigative report

Eur J Dermatol 2008; 18 (1): 36-41

Nathalie PINEAU
Françoise BERNARD
Alexandre CAVEZZA
Maria DALKO-CSIBA
Lionel BRETON

L'Oréal Recherche, 90 rue du Général
Roguet, 92583 Clichy cedex, France

Reprints: N. Pineau
<npineau@rd.loreal.com>

A new C-xylopyranoside derivative induces skin expression of glycosaminoglycans and heparan sulphate proteoglycans

Severe structural changes, including deterioration of the mechanical properties of the dermis, occur during skin aging. It is well known that the degradation of the extracellular matrix contributes to the physical changes in aged skin. Whereas many studies have been devoted to age-related alterations of collagen fibrils, far less attention has been paid to another major family of extracellular matrix components, the glycosaminoglycans (GAGs) and proteoglycans (PGs). Heparan sulphate-proteoglycans, (HS-PGs), a subclass of the PG family that decreases during aging, regulate proliferation and proteolysis as well as matrix adhesion and assembly, and thus, may have important functions in skin. These PGs may represent important targets for dermo-cosmetology in fighting skin aging. The purpose of this study was to demonstrate the potential of a new C-xylopyranoside derivative (C-β-D-xylopyranoside-2-hydroxy-propane simplified as C-Xyloside) to improve HS-PGs expression in human skin. In an organotypical model of corticosteroid atrophic human skin, characterized by a decrease of PGs expression, treatment with C-Xyloside improved expression of HS-PGs.

Reference:Eur J Dermatol. 2008 1-2,18(1).

圖 A 是細胞切片圖，第一張是正常皮膚的樣子，第二張是萎縮皮膚模型，用來模擬衰老皮膚，第三張是萎縮皮膚模型加上玻色因成分後的樣子，肉眼可見有了玻色因成分後，第三張裡的衰老皮膚近似恢復成正常皮膚的狀態。B 是對細胞切片的量化圖，正常皮膚組量化值是 1.9，萎縮皮膚模型組是 1.29，萎縮皮膚模型組加玻色因的量化值是 1.65，由此說明添加了玻色因可以促進 Perlecan 的合成。

這篇研究文章認為玻色因 (Pro-Xylane) 通過增加一系列糖蛋白的表達，來提高表皮和真皮的結合力，使皮膚緊緻有彈性，減輕衰老的跡象，保持年輕容貌。

德茉 玻色因療程 / 產品

德茉針對抗衰推出項目—玻色因美塑。

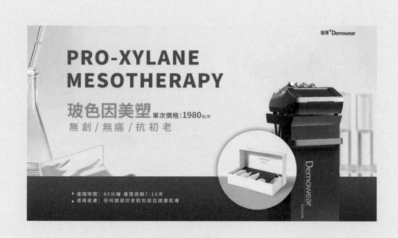

玻色因美塑主要以基底膜修復成分玻色因爲主，激活基底四型七型膠原蛋白，修復受損基底膜，7 步幫你面部塑形，提升面部緊緻感，皮膚恢復彈性，是抗初老第一步。

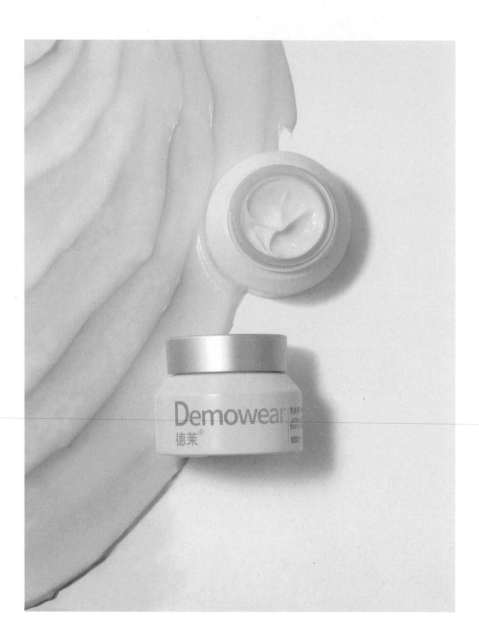

玻色因美塑：無創無痛抗初老

臨床研究:1 次術後即刻效果 - 印第安紋改善，法令紋改善，蘋果肌上提。

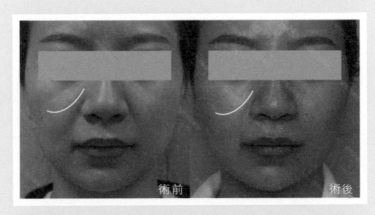

側臉 90 度角拍攝，嘴角紋改善、蘋果肌上提

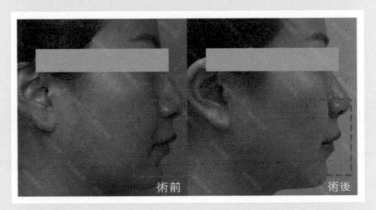

玻色因美塑無創無痛，適合抗初老的人群，效果明顯。臨床研究 1 次
術後就能看到效果，印第安紋、法令紋得到改善，蘋果肌上提，整體
面部緊緻，大大減少了鬆弛感，恢復年輕狀態。玻色因美塑適合初老症、
亞健康肌膚包括輕度敏感肌的人群，搭配熱瑪吉、超聲刀，效果更持久。

眼部是初老顯現的第一個部位，包含了細紋、黑眼圈及眼袋，有沒有什麼無痛無創的療程，可以解決眼部衰老問題呢？

09

眼部抗衰成分分析
Analysis of periorbital anti-aging ingredient

臉上第一條皺紋
眼周衰老三大問題
眼周年輕化治療方案

臉上第一條皺紋

當我們開始衰老時，眼睛部位是最先出現第一道皺紋的，因爲我們每天眨眼 2 萬多次，眼部肌肉一直處在運動狀態，是最 "累" 的部位。

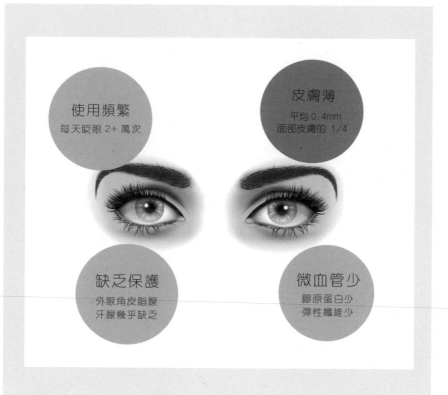

眼睛周圍微血管少，膠原蛋白少，彈性纖維少，沒有力量支撐眼部肌肉。
眼睛周圍缺乏保護，幾乎沒有皮脂腺汗腺，直接暴露在外界，周圍皮膚薄又脆弱，平均 0.4mm, 很容易受到外界傷害。

眼周衰老三大問題

眼睛衰老會出現皺紋、眼袋以及黑眼圈。眼角出現皺紋時，可以使用
A 醇、胜肽、玻色因含有抗衰成分的保養品。

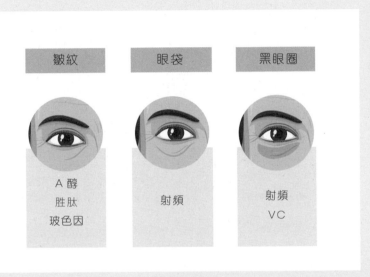

隨著年齡增長，下眼瞼皮膚下垂、臃腫，下瞼脂肪無法被支撐，導致
脂肪掉下來形成眼袋，可以採用射頻來消除眼袋。

針對黑眼圈，黑眼圈分爲色素型、血管型、結構型以及混合型，血管
型黑眼圈可以採用射頻，增加眼周血液循環，色素型黑眼圈主要是黑
色素沉積，可以配合使用美白功效的產品，如 VC。

眼周年輕化治療方案

德茉針對眼周出現的鬆弛、細紋、黑眼圈推出項目 - 分子釘眼護。

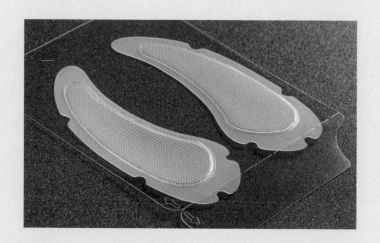

微晶眼貼採用可溶性微針技術，活性成分低溫固化成微米級微晶矩陣，按壓貼敷即可將成分精準輸送至肌膚表皮底層，最大程度啟動膠原蛋白再生。

眼部精華筆含有新型類視黃醇 - 羥基頻哪酮視黃酸酯（HPR），穩定性高、刺激性低，直接與視黃酸受體結合，無需轉化過程，高效抗衰。乙醯基六肽具有類肉毒素功效，有效改善眼周動態紋。

德茉分子釘眼護，是玻尿酸微晶眼貼，加上視黃醇眼精華筆，搭配射頻＋手法聯合治療，無痛無創，45 分鐘解決細紋，眼袋，黑眼圈等眼周三大問題。

愛美之心人皆有之，最早的注射
填充可以追溯到 19 世紀，發展至
今愈發豐富成熟，相信很多人都
聽過 "除皺針" ，你知道它的作
用原理嗎，玻尿酸和膠原蛋白又
要怎麼選呢？

01

經典醫美注射材料解析
Analysis of Classical Medical Injection Material

A 型肉毒素 BTXA

注射用透明質酸鈉 HA

膠原蛋白植入劑 COLLAGEN

永久材料 PERMANENT

注射材料分類

隨著經濟的發展和科技的進步，醫學美容材料產業蓬勃發展，市面上用於注射美容的材料非常多元，可以根據它的成分特性、作用位置主要分爲以下四大類。

傳統的玻尿酸、膠原蛋白注射進組織，主要就是起到填充作用，不與體內細胞組織發生作用。新型再生材料是透過刺激自身組織再生自體的膠原蛋白，達到緊緻、塑形及填充的效果。

肉毒素是肉毒桿菌產生的一種神經毒素，它能夠干擾一種叫做"乙醯膽鹼"的神經訊號從運動神經的末梢向肌肉的傳遞，從而阻斷神經衝動向肌肉的傳導，使肌肉麻痹。醫學美容注射肉毒素多用於面部除皺。

再生材料　　**肉毒素**

膠原蛋白　　**玻尿酸**

膠原蛋白是一種細胞外蛋白質，可以維持我們的皮膚和組織器官的形態和結構。健康的人體皮膚 70% 是膠原蛋白，但隨著年齡的增長，膠原蛋白會逐漸流失，皮膚就會變得乾燥、鬆弛無彈性。
注射填充是補充膠原蛋白最快、最直接的方式。

玻尿酸，也就是透明質酸，人體本身就含在透明質酸，它是在細胞膜上合成後進入細胞外基質，表面帶負電荷所以能吸附大量水分子，很多個透明質酸分子互相纏繞交織在一起組成網狀結構，使得皮膚柔軟有彈性。
透過交聯技術可以把玻尿酸變得有支撐力，用來做為填充注射材料。

注射材料分類

下面是市場上常見到的肉毒桿菌素品牌，此外還有一些新的肉毒素產品正在臨床申報，如韓國的 Medytox(粉毒)、Hutox(橙毒)、美國的 RT002 等等。

保妥適

艾爾建是世界上第一個正式生產注射用 A 型肉毒素的公司。保妥適 (Botox) 是美國艾爾建公司推出的肉毒素產品，1989 年首次獲 FDA 批准上市，目前該公司已經著手在研究他們第二種肉毒素 - E 型肉毒素的美容應用。

儷緻

儷緻 (DYSPORT) 又稱為麗舒妥，由英國 IPSEN 公司生產，是歐洲第一款肉毒桿菌素，在 1989 年通過美國 FDA 許可上市，在全球多國使用了近 30 年，它另外還有個別名叫做 "皇家肉毒"。

淨優明

Xeomin 是由德國 Merz 藥廠推出的肉毒素，和其他品牌最大的不同就是沒有添加蛋白質成份，號稱可以減少抗體和過敏的出現，又有個別名叫做 "天使肉毒"。

保提拉

保提拉 (Letybo) 是韓國 Hugel Pharma 公司推出的產品，2010 年上線後在日本、韓國市場銷售火爆，是韓國市佔率第一的品牌。

肉毒桿菌素 BTXA

我們經常聽到肉毒素，其實它全稱是肉毒桿菌素，是肉毒梭狀桿菌在繁殖過程中產生的一種毒素。

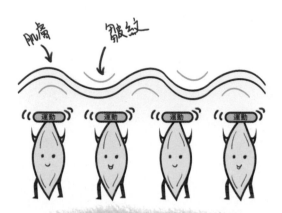

肉毒素使肌肉變的放鬆懶惰
也就不會再折疊皺紋，使皺紋加深了

不同的菌株可產生不同類型的神經毒素，可分為 A、B、C1、C2、D、E、F、G 共八型，除 C2 屬於細胞毒素外，其他都是神經毒素。以 A、B 型最為常見，其中 A 型肉毒素的毒性最強，應用也最廣。我們在醫學美容臨床中所用到的肉毒素，都是 A 型肉毒素。

1979 年開始美國就使用保妥適來治療 12 歲以上人群的斜視和眼瞼痙攣了。現在 A 型肉毒素廣泛應用於眼科、神經科、骨科及整形美容外科等多個領域。目前全球市占率最高的 A 型肉毒素品牌有美國的保妥適、中國的衡力、韓國的保提拉、英國的儷緻及德國的淨優明。

神經元接頭

我們身體裡的神經系統，是由很多個神經元細胞組成的網狀結構組織，通過傳遞信號來控制我們的肢體活動，神經遞質就是其中負責傳遞信號的化學物質。

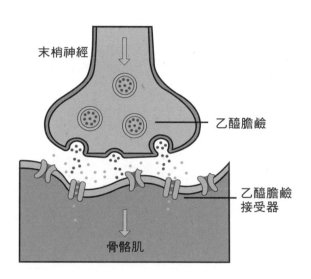

末梢神經

乙醯膽鹼

乙醯膽鹼接受器

骨骼肌

當一個神經元受到來自環境或其他神經元的信號刺激時，儲存在神經末梢囊泡內的遞質就會向突觸間隙釋放，作用於相應的接收器，將信號傳遞給下一個神經元。

乙醯膽鹼就是運動神經和骨胳肌之間的一種神經傳遞信號，肉毒素可以作用在乙醯膽鹼從神經末梢的囊泡釋放的過程，阻斷神經與肌肉之間的信號傳導，讓肌肉收不到活動的信號，所以做表情時肌肉就"靜止不動"了，看起來皺紋消失了，這也是它被稱爲"除皺針"的原因。

肌肉引發皺紋

一個人面部出現皺紋時，我們下意識就會聯想到這個人年紀有點大了。女生一旦看到自己臉上出現一點皺紋就如臨大敵，開始尋找各種消除辦法。

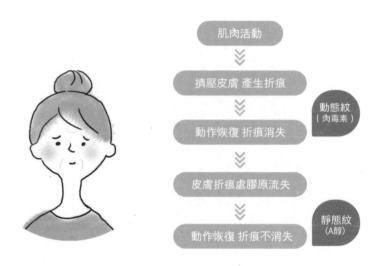

肌肉活動

擠壓皮膚 產生折痕

動態紋
（肉毒素）

動作恢復 折痕消失

皮膚折痕處膠原流失

靜態紋
（A醇）

動作恢復 折痕不消失

皺紋是衰老最顯著的標誌之一。皮膚的皺紋分動態紋和靜態紋兩種，動態紋又稱為表情紋，就是臉部肌肉運動擠壓皮膚產生的紋路，比如小朋友的抬頭紋。

靜態紋指的是臉部沒有表情動作，自然鬆弛狀態下依然存在的皺紋，靜態紋的出現是由於肌肉的擠壓折痕處的真皮膠原蛋白流失，隨著年齡的增長，我們面部的靜態紋會變得明顯。

填充材料

注射填充材料最早可追溯到 1899 年，一個維也納醫師首次將液體石蠟注入人體，因時代所限和對免疫學的無知，液體石蠟剛開始受到廣泛歡迎，但很快因爲各種身體併發症而遭到淘汰。

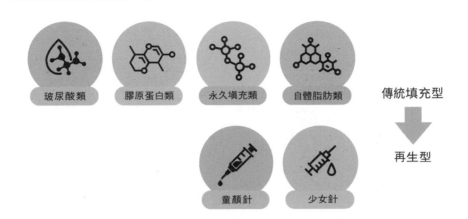

玻尿酸類　膠原蛋白類　永久填充類　自體脂肪類　傳統填充型

↓

童顏針　少女針　再生型

到 20 世紀 40 年代永久性材料出現，液態矽膠開始成爲主流注射材料，具有彈性、親水性等諸多優點，但由於無法與人體組織融合，長期留在體內不會被降解或清除，安全性不佳於是被市場淘汰，像是大家熟知的韓國 "電風扇阿姨"，就是這類不可吸收材料的受害者。之後短效填充材料膠原蛋白類、透明質酸類產品出現並壯大，因爲材料的安全性佳及維持時間可控性高，所以開始了醫學美容的蓬勃發展。

到目前爲止，玻尿酸類、膠原蛋白類產品仍然佔據大部分市場，它們是通過注射填充方式對皮膚起到支撐塑型的效果，稱之爲傳統填充型，在這個類型裡還有維持時間較長的的自體脂肪移植及永久填充劑。

近年來再生型材料出現，它們進入人體可以刺激自體成纖維細胞生成膠原蛋白，填充效果更自然持久，例如童顏針、少女針等進入市場，受到了追求更自然高端消費人群的喜愛。

永久材料 PERMANENT

荷蘭的愛貝芙 Artecoll 在 1996 年通過歐洲 CE 認證，它是將人工合成的高分子材料聚甲基丙烯酸甲酯 polymethylmethacrylate 簡稱 PMMA，經過切割形成許多細小的微球，再混合牛膠原蛋白製成的注射填充針劑。

PMMA 其實就是我們常說的壓克力，或是人工玻璃，因爲不是天然成分，所以在自然界是很難被分解的，當然在人體也是一樣無法被代謝，所以它又稱爲注射的假體。

有些醫美機構宣稱注射後 "包終生"，就是注射這種材料，雖然不被代謝、不需要補充注射是它的優點，但在人體中這似乎也是它的缺點。在人體老化的過程中，我們面部皮膚的軟組織會隨著時間逐漸鬆弛下垂，當我們皮下注射了不可代謝的材料後，填充物就會隨著皮膚逐漸下移，讓面部形狀越來越不自然，所以只能放在有骨性支撐的位置，像是鼻骨。諸多注射位置的限制也導致使用的人數越來越少，漸漸地被市場淘汰。

注射美容的起點

玻尿酸是液態的，注射進體內很快就會被代謝掉，有沒有方法能夠讓它在體內持續時間長一點？

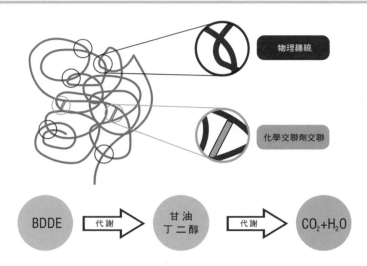

交聯劑（Crosslinking agent）的出現是注射美容的一個起點，沒有交聯劑就沒有現在注射填充劑型的玻尿酸。交聯劑就像是橋樑一樣，它能夠幫玻尿酸分子間連接起來，形成一個網狀結構從而變得堅固，讓玻尿酸由流動的液態變成固態，強化了玻尿酸的支撐力，還讓玻尿酸在體內不易被代謝掉，延長了單次注射的維持時間。

目前已知的交聯劑有 BDDE、DVS、ADH、EDC 等，而其中應用最多、研究最透徹的交聯劑是 1,4 丁二醇二縮水甘油醚（BDDE），BDDE 在體內會被分解成甘油、丁二醇，最後代謝成二氧化碳和水，像是玻尿酸的國際大品牌瑞藍 Restylane、喬雅登 Juvéderm 選用的都是這款交聯劑，因為全球的使用人數最多，所以安全係數較高。

不同的獨家交聯技術

爲什麼同樣是玻尿酸，還有那麼多不同的品牌，它們之間的差別在哪裡呢？

品牌	獨家交聯技術
瑞藍	NASHA、OBT
喬雅登	HYLACROSS、VYCROSS
法思麗	CHAP
伊婉	HICE
交聯技術更成熟，雜質更少，刺激性更小	

所謂的交聯技術其實包含了兩個概念，第一個概念就是"有效交聯"。當玻尿酸分子添加交聯劑再經過一系列複雜的催化反應以後，就可以把單獨的玻尿酸分子連結起來，但是偶爾會出現半成品，也就是一邊接好了，另一邊卻沒有接成功的"無效交聯"，當交聯劑出現了無效交聯或是游離的未交聯狀態，就會刺激人體組織增加過敏機率，所以交聯技術的第二個概念就是洗脫的環節，就是清除游離的交聯劑和剛剛說到的無效交聯的步驟。

爲什麼有的玻尿酸品牌注射後容易出現過敏腫脹，排除了個人特殊敏感體質以外，一般就是和交聯技術中的洗脫不完整有關，隨著現在醫療材料技術越來越成熟，這種情況越來越少見。

交聯程度

根據交聯劑添加量的不同，我們可以得到不同硬度和維持時間的玻尿酸。

就像是我們常吃的軟糖，根據明膠、果膠添加量的不同，軟糖的口感也會有差異。當明膠添加的越多，軟糖的口感就會越硬，需要咀嚼很多下才能咬爛，當明膠添加的少，軟糖的口感就會軟嫩一點，稍微咬幾下就可以吞下去。

當玻尿酸的交聯程度較高，它的硬度就會比較高，而維持時間也會比較長；如果交聯程度比較低，玻尿酸就會比較柔軟一點，維持時間也會比較短。

玻尿酸 HA

玻尿酸分型根據形態的不同，注射用玻尿酸分為兩種類型，單相型和雙相型。

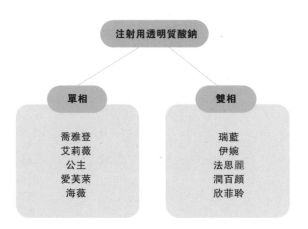

在瞭解單相、雙相之前，我們先來解釋一下什麼是 "相"。所謂的相，指的是物質的狀態，自然界的物質存在的狀態有三種，分別是氣態（相）、液態（相）和固態（相）。

而單相玻尿酸就是只有一種狀態的玻尿酸，就是固相玻尿酸，也就是只有像是果凍一樣的玻尿酸凝膠；而雙相玻尿酸就是混合了兩種狀態的玻尿酸，包括了流動的玻尿酸溶液及固態的玻尿酸顆粒。

號稱玻尿酸中的名牌 - 喬雅登的凝膠玻尿酸就是單相玻尿酸的代表，而雙相玻尿酸的代表就是 "世界上第一支填充玻尿酸" 瑞藍。

喬雅登家族

喬雅登 Juvéderm 是美國艾爾建公司的玻尿酸品牌，於 2006 年通過美國 FDA 認證上市。

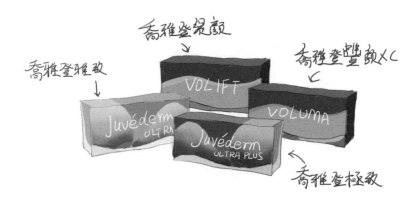

喬雅登屬於單相交聯的凝膠玻尿酸，針筒裡面只包含了單純固態的凝膠狀玻尿酸，根據內含玻尿酸分子大小不同和玻尿酸分子間交聯程度差異，構成了喬雅登玻尿酸不同系列和不同劑型，目前分為兩個系列：U 系列和 V 系列。

當醫師注射的時候，根據注射方式不同，將整塊的凝膠透過針頭推擠出一條或是一小球，因此玻尿酸與身體組織接觸的位置僅限於整塊（條）凝膠的外圍，接觸面積較小因此代謝較慢，單次注射的維持時間較長。

玻尿酸濃度高的劑型，像是 U 系列注射後吸水力較強，一般建議注射至期望值的九成滿，進入體內後會持續吸水，大約兩周至一個月形態穩定。

喬雅登家族

喬雅登的雅致質地柔軟，適合淺層皮膚的修飾，可以用於法令紋、口角紋、魚尾紋等。

喬雅登家族	注射位置	玻尿酸濃度
雅致 Ultra	淺組織折痕	24mg/ml
極致 UltraPlus	深組織折痕 面部輪廓	24mg/ml
豐顏 Voluma	豐盈填充 面部輪廓	20mg/ml
緹顏 Volift	動態區域	17.5mg/ml
質顏 Vobella	嘴唇及口周	15mg/ml
分爲U系列及V系列		

- 凝膠形態的單相交聯玻尿酸
- 與組織接觸面積較少，代謝較慢
- 吸水能力較強，膨脹較多
- 更適合需要膨膨的區域
- 需要支撐力的區域選 U 系列
- 需要柔軟彈性位置選 V 系列

極致交聯度高，硬度高，適合用來重塑面部輪廓，可以用於豐下巴等；喬雅登豐顏用於面部、頰部；緹顏適用於面部動態區域；質顏適用於嘴唇及周圍區域。

瑞藍家族

除了喬雅登家族，還有另一個品牌—瑞藍，也是玻尿酸界的巨頭之一。

瑞藍全系列是雙相交聯的顆粒形態玻尿酸，是由液態的玻尿酸溶液以及固態的玻尿酸顆粒組成；液態玻尿酸可以均勻滑順的將顆粒型玻尿酸承載輸送至我們需要注射的部位，在接下來的一至兩週緩慢逐漸被代謝掉，因此注射後一般不存在過量矯正的問題。

顆粒型玻尿酸注射後就像是皮下有許多細小的玻尿酸微球，每個微球周圍都與組織接觸，因此總體接觸面積較大，代謝的速度較快，不過顆粒型玻尿酸可以均勻散在皮膚組織裏面，因此整體手感會比凝膠型玻尿酸更真實。

瑞藍家族

瑞藍家族是雙相交聯的顆粒形態玻尿酸，是由液態的玻尿酸溶液以及固態的玻尿酸顆粒組成。

瑞藍家族	特性	顆粒大小
唯堤 Vital	水光玻尿酸	≤ 0.4 mm
瑞堤 Restylane	中小分子	≤ 1 mm
麗堤 Lyft	中大分子	≤ 2 mm
定朵 Defyne	顆粒凝膠型 活動區域	≤ 7 mm
全系列透明質酸鈉濃度 20mg/ml		

- 顆粒形態的雙相交聯玻尿酸
- 與組織接觸面積較大，代謝較快
- 吸水力不強
- 更適合需要服貼的區域
- 會動區域選彈性好的

瑞藍玻尿酸全系列的玻尿酸濃度都是相同的，它的分型是按照玻尿酸顆粒大小不同去區分的，其中最小顆粒劑型是可以放在真皮層，作為中胚層水光治療的玻尿酸；目前也有最新推出結合顆粒及凝膠兩種形態的凝膠顆粒款玻尿酸，更適合注射在面部動態區域的玻尿酸。

營養和新生的概念

當皮膚出現細小摺痕或是小凹陷，難道我們只能靠填充來治療嗎？ 有沒有什麼辦法可以促進皮膚自己恢復呢？

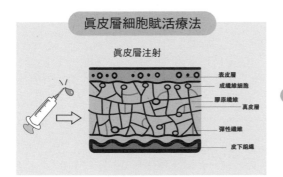

嗨體使用無交聯玻尿酸溶液啓動膠原新生的鑰匙，又作爲載體將新生過程中需要的氨基酸和維生素運送到需要填補的位置，與傳統填充的做法思路不同，有效減少了術後的副反應。

嗨體

嗨體（Hearty）是由中國愛美客技術發展股份有限公司與南開大學高分子化學研究所聯合開發的玻尿酸品牌。

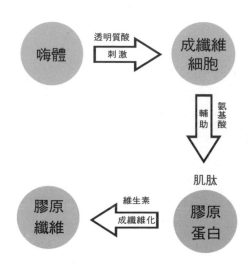

嗨體的主要構成成分：無交聯的玻尿酸、三種氨基酸（甘氨酸、脯氨酸、丙氨酸）、L-肌肽、維生素 B。當嗨體注射到真皮層以後，透過玻尿酸物理刺激成纖維細胞新生膠原蛋白，再透過維生素 B 提升膠原纖維合成能力；未交聯的玻尿酸在兩週左右被身體代謝，新生的膠原纖維後續會在三週左右出現，達到緊緻光滑效果；成分中的肌肽是目前經過科學驗證可以抗氧化、抗糖化的有效成分，藉由清除自由基來達到保護膠原蛋白的效果，減緩代謝速度。

嗨體三兄弟

可以用在水光中胚層治療來改善膚質和毛孔，也可以注射在淺層的皮膚紋路或摺痕，填充型玻尿酸不能放的淺層位置，放嗨體剛剛好！

	嗨體1.0	嗨體1.5	嗨體2.5
	0 交聯玻尿酸溶液 + 氨基酸（丙氨酸、脯氨酸、甘氨酸）+ 維生素（B2）+ L–肌肽		
規格	1.0 ml	1.5 ml	2.5 ml
適用部位	結構型黑眼圈（淚溝）	單純型頸紋	面、手、頸真皮層水光
粘稠度	濃稠型玻尿酸溶液	中等分子玻尿酸溶液	較稀的玻尿酸溶液

與傳統填充型的玻尿酸不同，嗨體目前有三個劑型，它們的組成成分是一樣的，只有兩個區別：第一個是劑量的不同，第二個就是玻尿酸濃稠度的差異。

在嗨體出現之前，有些皮膚組織薄的區域如果產生紋路，我們只能用填充型的玻尿酸去注射，而交聯玻尿酸還是有一定的硬度，因此在和皮膚融合之前容易產生暫時性地凸起，像是頸紋注射玻尿酸術後的"珍珠項鍊"樣外觀。

膠原蛋白 COLLAGEN

膠原蛋白是人體含量最豐富的蛋白質，佔全身總蛋白量的 30% 以上。

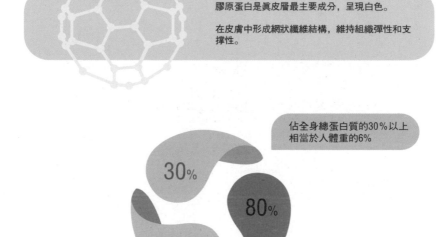

膠原蛋白是真皮層最主要成分，呈現白色。

在皮膚中形成網狀纖維結構，維持組織彈性和支撐性。

佔全身總蛋白質的30%以上
相當於人體重的6%

30%

80%

70%

皮膚中膠原蛋白佔70%以上

真皮中80%以上是膠原蛋白

它的作用是可以維持皮膚組織器官的形態和結構，也是修復各損傷組織的重要原料物質。根據分子結構不同，目前已經找到 29 種膠原蛋白，分布在不同的組織，像是皮膚、骨胳、韌帶、肌腱等位置，在皮膚裡含量最多的就是 I 型和 III 型膠原蛋白。

真皮膠原蛋白分型

I 型膠原蛋白，III 型膠原蛋白。

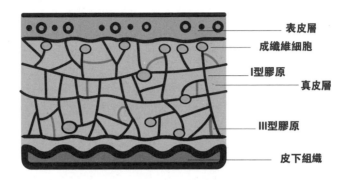

表皮層
成纖維細胞
I型膠原
真皮層
III型膠原
皮下組織

I型
I型膠原是皮膚的主體，佔皮膚膠原總量的80~85%
呈粗壯、排列緊密的束狀結構，維持硬度和韌性
I型膠原流失將會出現皺紋及凹陷

III型
III 型膠原 呈疏鬆絲網狀，佔皮膚膠原總量的10-15%
提供彈性和抗應力性，III型膠原又稱嬰兒膠原
III型膠原具有很好的促修復、營養和復彈作用

I 型膠原蛋白是皮膚的主體，佔了皮膚總膠原蛋白量的 80% 以上，它是一個粗壯、緻密的束狀結構，主要是負責組織的結構體積維持，讓組織有一定的硬度和韌性，女孩們常說 "我的皮膚越來越鬆" 其實就是 I 型膠原蛋白流失造成的。

III 型膠原又稱爲 "嬰兒膠原"，佔皮膚膠原總量的 10%~15%，III 型膠原較細呈現疏鬆絲網狀，提供皮膚彈性和抗應力性；皮膚按壓之後可以迅速恢復形狀，就是因爲皮膚裡面含有 III 型膠原。

膠原蛋白注射劑

美國 FDA 於 1981 年首次批准膠原蛋白注射劑 " Zyderm" 上市。

Zyderm 原料是從牛身上提取膠原蛋白經過純化製成，但注射後維持時間短，以及注射後容易出現過敏反應，導致市場上接受度很低，所以很快的就被市場淘汰；經過了幾十年的技術升級，現在在市面上的膠原蛋白注射劑已經透過生物技術把致敏的抗原片段切除了，大幅降低了過敏率，只需要對雞蛋不過敏就可以使用。

雙美膠原蛋白注射劑，是從豬皮中提取的 I 型膠原蛋白，再加入凝固劑戊二醛，可以讓膠原蛋白的硬度變高，還能增加代謝時間，注射位置在真皮深層到骨膜層，對皮膚起到填充支撐效果。

弗縵膠原蛋白的成分組成是 I 型加 III 型膠原蛋白，是從牛身上提取的膠原，在 I 型膠原蛋白的填充基礎上，配合 III 型膠原蛋白的嫩膚的效果。

薇旖美是人工合成類膠原蛋白，是實驗室基因工程重組的 III 型類人膠原蛋白，適合注射於真皮層，可以營養皮膚減少細紋，達到改善膚質效果。

膠原蛋白適合 ...

色素型、血管型、結構型、混合型黑眼圈。

膠原蛋白是白色的,可以有遮瑕修色的效果,因此最常被用在我們面部需要修色遮蓋的位置 - 黑眼圈。

早期我們眼下常出現的問題是單純的淚溝凹陷,只需要簡單填充劑,像是玻尿酸注射就能有效改善;但是現代人時常用眼過度,導致眼部壓力大,眶周血液循環差形成了色素沉澱的色素型黑眼圈,單純的填充劑並無法解決顏色的問題,反而可能放大眼下的青色血管和色素,就是俗稱的廷德爾效應、丁達爾效應 (Tyndall effect),這時候帶有白色的膠原蛋白填充劑就更適合這個位置,既能修色又有填充效果。

膠原蛋白植入劑類型

前面提到三種品牌的膠原蛋白，它們的差別在哪，上面的表總結了它們之前的不同之處。

	豬膠原	牛膠原	重組膠原
品牌	雙美	弗縵	薇旖美
效果	緊緻填充	緊緻填充 改善膚質	改善膚質 淡化細紋
膠原類型	Ⅰ型	Ⅰ型＋Ⅲ型	Ⅲ型
注射層次	皮下組織~骨膜層	真皮~骨膜層	真皮層
凝固劑	有	無	無
代謝產物	氨基酸		

膠原蛋白注射劑目前在臺灣只有雙美的一型膠原蛋白，所以能夠解決的眼部問題就只有凹陷，不過還是可以透過眼部電波拉皮來改善眼部皮膚的細紋及緊緻度，儀器和注射的結合，也不失為一個眼部年輕化的好辦法！

經典醫美注射材料總結

下面的表格將之前提到比較常見的幾種注射材料做了分類，幫助大家快速理解。

	適應症	維持時間	主要治療目的	可能副反應	備註
玻尿酸	皺紋 凹陷 輪廓	1–2年	輪廓塑型	栓塞 饅化	安全注射方式及合理用量可避免
膠原蛋白	皺紋 凹陷	3–6月	紋路調整	栓塞 局部泛白	合理注射方式及層次可避免
肉毒素	動態皺紋 肌肉縮小	4–6月	抗老化 (預防皺紋加深)	表情僵化	代謝後可恢復

隨著醫學技術的日新月異，現在除了剛剛提到的這些醫美材料，其實後續都還有再生型注射材料不斷問世，但即使有新的，也沒有將舊的替代掉，玻尿酸依然是目前填充板塊全球使用量最大的材料，所以我們其實可以將新的注射材料理解為更針對、更細化需求的一個選項，是補充選擇，而不是取代。

比如說有部分人群介意玻尿酸的手感問題，又只需要少量豐盈的填充效果，像這樣的客户往往對於玻尿酸注射抱著一種想嘗試卻又怕受傷害的心態，我們就可以選擇再生注射材料中的童顏針，類似像這樣更細緻的需求，下面章節提到的再生型注射材料無疑可以增加醫師手中的治療工具，經過詳細的評估討論以後，綜合使用可以達到自然接近完美的效果。

再生注射材料近幾年受到廣泛追捧，PLLA、PCL 是什麼呢，聽說效果可以保持幾年的時間，真的嗎，對人體會有危害嗎？

02

再生注射材料解析
Analysis of Regenerative Injection Material

聚左旋乳酸 PLLA
聚己內酯 PCC
聚乙烯醇 PVA

聚左旋乳酸

2004 年美國 FDA 通過了賽諾菲藥廠的聚左旋乳酸注射劑用於矯正獲得性免疫缺乏綜合征（HIV）患者的面部軟組織流失，並在 2009 年通過美容用途面部注射，成爲全球第一個再生型注射材料。

植物原料（玉米）發酵，又稱爲PLLA
降解產物左旋乳酸是體內天然物質
左旋乳酸代謝爲二氧化碳和水排出體外

澱粉 → 發酵 → 左旋乳酸 → 聚合 → 聚左旋乳酸 → 水解 → 左旋乳酸 → 代謝 → $CO_2 + H_2O$

當我們運動後第二天，身體出現了酸痛的感覺，就是因爲肌肉乳酸堆積，身體裡乳酸就是左旋乳酸。左旋乳酸是我們自然界普遍存在的乳酸形態，一般在人體約 72 小時會被代謝掉，變成了二氧化碳和水。

醫療用的聚左旋乳酸 Poly-L-Lactic Acid（PLLA）就是從玉米等穀物中發酵萃取，透過高分子聚合技術，增加它在人體的停留時間，不僅生物相容性高，還可以被身體完全代謝，使用前不需要做過敏測試，目前應用在醫用可吸收縫綫、可吸收心臟支架、骨科內固定等。

PLLA

注射用聚左旋乳酸微球注射後可以在體內停留 6~12 個月的時間，被身體代謝前都能持續刺激皮下產生新的膠原蛋白。

12個月內持續促進 成纖維細胞 分泌

III 型 膠原蛋白（填充型）的再生 → 補充組織體積 恢復彈性

I 型 膠原蛋白及彈力纖維的再生 → 促進組織強化 緊緻支撐

植入5天　植入2週　植入4週　植入2個月　植入3個月

聚左旋乳酸顆粒注射進入皮膚後會持續提醒真皮的纖維母細胞工作，就像是皮膚的私人健身教練，督促皮膚不間斷地生產新的膠原蛋白，替組織增加厚度及彈性，達到增加皮膚彈性、增加皮膚厚度的抗老化效果，所以又被稱為"液態拉皮"。

當乳酸微球顆粒被身體清除後，新生的膠原纖維還是持續存在，所以每次治療的有效性可以超過 25 個月以上。

童顏針與精靈針

目前常見的聚左旋乳酸品牌有兩個，一個是童顏針始祖"舒顏萃SCULPTRA"，另一個則是韓國的精靈針"艾麗斯 AESTHEFILL"。

很多人對聚左旋乳酸注射的效果不能理解，常常問到一瓶童顏針等於幾支玻尿酸呢？其實兩者雖然都是美容注射用途，但是作用機制和針對訴求其實有很大不同，因此在適合人群和注射方式上也有很大差異。

玻尿酸屬於填充型的注射材料，主要是針對治療位置的"填充"達到效果，例如下巴變長、鼻子變高、太陽穴變膨或是把紋路填平等，所以更適合有特定美容訴求或是需要即刻效果的人群。

而童顏針這種再生型材料，針對的是老化結構流失導致的容積變少，或是因為膠原流失造成的下垂或是紋路，所以治療時的位置可能會覆蓋到不同的層次和不同的範圍，因此效果更自然、更循序漸進。

聚己內酯

2009 年英國 Sinclair 欣可麗藥廠的注射用膠原蛋白增生劑 Ellansé 上市，2015 年進入亞洲市場，中文譯名泙蓮絲、依戀詩、伊妍仕，市面上俗稱的 "少女針" 就是它。

PCL：又稱爲聚己內酯，常用於可吸收縫線。
CMC：羧甲基纖維素鈉，凝膠質地。
有物理填充+膠原再生效果。
品牌：伊妍仕（英，欣可麗）

其中主要作用成分 Polycaprolactone 因爲太過拗口，所以常常簡稱爲 "PCL"，中文譯名聚己內酯。PCL 作爲可吸收縫線材料在醫學上的應用已經有數十年的歷史了，被身體吸收前會刺激周圍組織產生新的膠原蛋白，這個特性就是 Ellansé 作爲膠原蛋白增生劑的核心基礎。

每支 1cc 包裝裡含有 30% PCL 微球及 70% CMC 凝膠（羧甲基纖維素），CMC 凝膠作爲載體可以將懸浮在裡面的微球透過注射，均勻的分布在需要治療的部位。CMC 經常被用作醫用敷料使用，眼藥水或是口服藥物中都可以看到它的存在，它可以調控藥物釋放的速度，更可以在注射當下就膨起來；因此在自身膠原蛋白產生之前，可以帶來立即、暫時性（約？個月）的填充支撐效果。

PCL

並不是越長效的劑型就越好！我們的臉型和軟組織型態不是一成不變，
所以選擇維持時間一到兩年的中短效劑型反而會更合適。

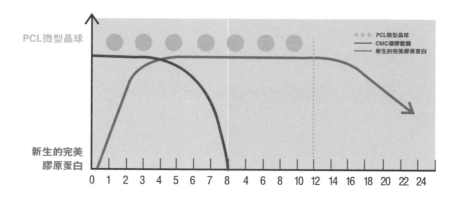

PCL微型晶球

新生的完美
膠原蛋白

全球市場中 Ellansé 有 S、M、L、E 四種分型，和我們傳統理解玻尿酸
分子大小分型方式並不同，它們的 PCL 微球大小都是 25~50 毫米的，也
都是 30% 的比例，但劑型的不同，維持的時間也不同！不同劑型微球包
裹的 PCL 分子鏈長短不同，擁有最長的分子鏈的 E 劑型，PCL 微球的刺
激膠原能力可以達到 48 個月，而 S 劑型則是 12 個月左右。

臨床上常常會看到客戶當初選擇了長效版本的少女針，現在因為變胖了導
致當初注射的蘋果肌變得非常巨大而求助於醫師，我們也只能笑笑地安慰
他，也有遇過不小心出現像是皮下結節這種副反應，卻因為注射了長效版
本，導致將近十年才消退，這都是選擇之前要考慮的情況。

少女針 VS 童顏針

"童顏針"和"少女針"到底選哪個？都是再生型注射材料，這是很多人都會困擾的問題。

	（童顏針）	（少女針）
主成分	聚左旋乳酸	聚己內酯
劑型	340mg PLLA微球 + 生理鹽水	30% PCL微球 + 70% 凝膠
效果	膠原再生 + 膚質改善	膠原再生 + 物理填充
特色	不漏痕迹慢慢長	立即效果
適合人群	骨感美	膨膨肌
注意事項	術後可配合按摩	避開面部活動區

"童顏針"，主要成分是液體狀的聚左旋乳酸，能夠讓膠原再生還能改善膚質，注射一周左右水溶液被身體吸收，有暫時回落期，膠原新生的效果大約注射後一個半月到兩個月出現，屬於"潤物細無聲"類型，適合保守型人群或是大範圍細調的人群。

"少女針"，主要成分是凝膠質地的聚己內酯，凝膠有立即性的填充效果，大約兩個月左右凝膠消失，取而代之的是新生的膠原纖維，適合需要明顯立即效果的人群。

聚乙烯醇

類仿生高分子材料，常用於骨科修復領域。用做人工軟骨，又稱爲 PVA。

類仿生高分子材料，常用於骨科修復領域。
用做人工軟骨，又稱爲PVA。
20% PVA 微球 + 80% 玻尿酸 & CMC凝膠

PVA 作為醫用的仿生材料，具有很好生物相容性，主要應用在眼科、手術耗材及骨科，像是我們常用的人工淚液眼藥水裡面，就添加了聚乙烯醇；常用於關節軟骨置換用的人工軟骨，也有些品牌是由它製成。

PVA

2012 年中國愛美客技術公司的長效型玻尿酸 - 寶尼達通過中國藥監局 NMPA 審核上市。

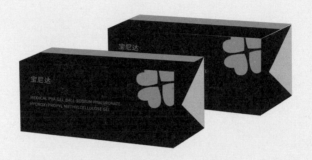

品牌：寶尼達（中，愛美客）

PVA 可以用於皮膚深層的注射填充，採用了交聯劑型的玻尿酸作爲載體結合 PVA 聚乙烯醇微球，產品注射後玻尿酸有立即的填充效果，當代謝後 PVA 微球可以繼續刺激膠原形成，所以號稱是 "可以維持十年的長效玻尿酸"。

因爲它屬於長效填充劑，所以注射的層次和位置需要特別注意，我們皮膚組織會因爲老化逐漸下垂，如果使用長效型或是永久型的材料，就會導致位置下移，因此需要放在有骨性支撐的位置，像是鼻骨；不推薦放在放在淺層軟組織作爲單純紋路修飾或是填充，例如頰凹。

國家圖書館出版品預行編目(CIP)資料

素顏力. 2 / 陳瑞昇, 陳葳著. -- 臺中市 : 台洋
文化出版有限公司, 2024.05 面； 公分. --
(Fashion Guide美妝書 ; 8)
 ISBN 978-626-95216-6-1(平裝)

1.CST: 皮膚美容學 2.CST: 美容手術

425.3   113004098

素顏力 2

作者 / 陳瑞昇、 陳葳

企劃 / 美業跳動文化事業有限公司

編輯 / 汪瑩

美術編輯 / 葛姍姍

出版者 / 台洋文化出版有限公司

地址 / 台中市西屯區重慶路 99 號 5 樓之 3

電話 / 04-36098587

經銷商 / 白象文化事業有限公司

出版年月 / 2024/05

ISBN 978-626-95216-6-1   （平裝） NT$: 280